大数据技术与人工智能应用系列

互联网数据采集技术与应用

周林娥 主编

方荣卫　王钰坤 副主编

郭英杰　陆少雄 参编

清華大学出版社

北 京

内 容 简 介

本书基于"基础知识"+"代码示例"+"应用案例"的模式编写，共包括 7 个项目。项目 1 主要介绍互联网数据采集的入门知识；项目 2 通过一个入门级的简单案例，介绍互联网数据采集的基本流程；项目 3 通过一个进阶的案例，详细介绍在没有给出官方开放 API 的情况下，如何通过抓包工具获取 XHR 请求地址；项目 4 主要介绍 HTML 文档数据的采集，对 HTML 进行解析，以及如何提取数据的属性与文本；项目 5 主要讲解批量获取数据的整理与合并技巧；项目 6 重点讲解如何通过 Python 的 pymysql 库对 MySQL 进行读写；项目 7 给出了对半结构化数据进行处理的最佳实践。

本书内容条理清晰、案例丰富，可以作为职业院校大数据、人工智能、云计算等相关专业的教材，也可以作为行业从业人员的参考用书。

图书在版编目（CIP）数据

互联网数据采集技术与应用 / 周林娥主编 . —北京：清华大学出版社，2022.10
（大数据技术与人工智能应用系列）
ISBN 978-7-302-61910-9

Ⅰ. ①互⋯　Ⅱ. ①周⋯　Ⅲ. ①互联网络—数据采集　Ⅳ. ① TP274

中国版本图书馆 CIP 数据核字（2022）第 178327 号

责任编辑：郭丽娜
封面设计：常雪影
责任校对：李　梅
责任印制：朱雨萌

出版发行：清华大学出版社
　　　　　网　　　址：http://www.tup.com.cn，http://www.wqbook.com
　　　　　地　　　址：北京清华大学学研大厦A座　　　　邮　　编：100084
　　　　　社 总 机：010-83470000　　　　邮　　购：010-62786544
　　　　　投稿与读者服务：010-62776969，c-service@tup.tsinghua.edu.cn
　　　　　质量反馈：010-62772015，zhiliang@tup.tsinghua.edu.cn
　　　　　课件下载：http://www.tup.com.cn，010-83470410
印 装 者：三河市君旺印务有限公司
经　　销：全国新华书店
开　　本：185mm×260mm　　　印　张：8.75　　　字　　数：181千字
版　　次：2022年11月第1版　　　印　　次：2022年11月第1次印刷
定　　价：49.00元

产品编号：095428-01

前　言
Preface

当今社会已经进入大数据时代，大数据与我们的工作、学习息息相关，深刻影响着生活的方方面面。大数据技术主要涉及数据采集、数据清洗、数据存储、数据分析与挖掘、数据可视化等多个环节。数据采集是其中必不可少的基础环节，所有的大数据项目都要从数据采集开始。本书正是基于此编写而成。

本书在内容编写上采用"基础知识"+"代码示例"+"应用案例"的模式，内容涵盖了互联网数据采集中最主要的知识点，通过真实案例的使用场景和实现代码，帮助读者举一反三，从而将技术应用到实际工作中。

本书以 Windows 系统的 jupyter notebook 作为主要开发工具，对互联网数据采集技术进行讲解。全书共 7 个项目，各项目主要内容如下。

项目 1 主要介绍互联网数据采集的入门知识，包括数据采集的概念和用途、常用的采集工具与常用库、开发工具与开发环境搭建等。通过本项目的学习，读者将对互联网数据采集的技术与应用建立初步的认识。

项目 2 通过一个入门级的案例，介绍了互联网数据采集的基本流程。通过本项目的学习，读者可以掌握通过 Python 请求数据、解析数据、提取关键数据、存储数据的基本知识。

项目 3 通过一个进阶的案例，详细介绍了在没有给出官方开放 API 的情况下，如何通过抓包工具获取 XHR 请求地址，并详细介绍了 json 数据解析的小技巧。通过本项目的学习，读者可以掌握 Chrome 抓包工具的使用与技巧，以及 json 解析。

项目 4 主要介绍了通过 Beautifulsoup 库对 HTML 进行解析，然后通过 CSS 选择器定位数据，提取数据的属性与文本。通过本项目的学习，读者可以掌握 HTML 文本解析与采集的方法，了解如何使用正则表达式提取数据，掌握二进制（图片、视频、音频）数据的下载方法及文本采集的技巧。

项目 5 重点讲解了 API 请求参数的附加，通过 Key 获取权限，多城市数据的合并分析。通过本项目的学习，读者可以掌握批量获取数据的整理与合并技巧。

项目 6 重点学习了如何通过 Python 的 pymysql 库对 MySQL 进行读写，结合 Pandas 库对读取到的数据进行合并，以及 merge 方法合并和 concat 方法合并。

项目 7 是对半结构化数据进行处理的最佳实践，通过简洁但功能强大的代码实现真正的数据高效处理。本项目重点考查读者对全书工具与知识点的灵活应用。

本书以基础、实用为原则，知识点基本覆盖"1+X 职业技能等级证书（数据采集）"的要求。数据采集需要读者掌握的基础知识非常广泛，但本书对读者要求并不高，读者仅需对 Python、MySQL 等知识有基础的了解，即可轻松完成书中的案例与代码。

本书由北京市昌平职业学校的周林娥担任主编，方荣卫、王钰坤担任副主编。周林娥负责整体结构设计和全书统稿工作。参加编写工作的还有北京市昌平职业学校的郭英杰和陆少雄。本书的项目 1、项目 2、项目 5 和项目 6 由周林娥和方荣卫编写，项目 3 和项目 7 由王钰坤编写，项目 4 由郭英杰和陆少雄编写。杭州新华三集团产教方案规划设计院院长于鹏、联想教育科技（北京）有限公司产品总监鲁维、百度科技有限公司产品经理陈灿和北京信息职业技术学院人工智能学院教学院长马东波在本书编写的过程中，提供了大量的参考案例，对本书的结构和内容提出了宝贵的建议，在此一并表示感谢。

由于编者的水平和能力有限，书中难免有疏漏和欠缺的地方，敬请广大读者提出宝贵的意见。

编　者
2022 年 6 月

目　录

Contents

项目1

基础开发环境的安装与配置

项目目标

- 掌握 Anaconda 开发环境的安装方法。
- 学会 jupyter notebook 的基本使用方法。
- 了解数据采集所具备的 Python 基础知识。

本项目旨在为让读者掌握 Python 开发环境的搭建技能，学会对 Anaconda3 进行安装和配置是初学者必须掌握的技能。

项目描述

项目开发环境的搭建是学习一门编程语言的开始，如使用 C 语言开发应用，需要安装 C 语言编译器，将编程语言编译成可执行的文件，然后运行。本书使用的 Python 语言是一门解释型语言，在学习阶段，由于不必考虑性能问题，所有无须编译，安装 Python 解释器即可执行。

在数据科学领域，最佳的开发环境解决方案是 Anaconda3，它让数据科学的开发过程变得更加简单。Anaconda3 不仅包含了 Python 解释器，还包含 1000 多个开源库，以及包管理工具 conda，同时，内置了基于网页的、用于交互计算的应用程序 jupyter notebook，它可以在网页页面中直接编写代码和运行代码。

项目实施

（1）安装 Python 基础环境。

（2）安装 Anaconda3，配置环境变量。

（3）启动 jupyter notebook，运行 Python 入门程序"Hello，world."。

课程思政要求

本项目的思政要求是让读者通过掌握互联网数据采集开发环境的搭建下技能，掌握先进信息技术工具的使用，培养其实际动手能力和精益求精、严谨治学的态度，为未来走向工作岗位打好基础。

知识链接

1. 大数据与互联网数据采集概述

我们处在信息爆炸的时代，过去几年中，全球产生的数据量超过了过去几十年数据量的总和。根据 IDC（International data Corporation，国际数据公司）近期做出的估测，数据在以每年 50% 的速度增长，也就是每两年多就增长一倍，这也成了大数据的摩尔定律。

数据的种类繁多，主要由结构化数据、非结构化数据和半结构化数据组成。约10% 的结构化数据存储在数据库中，其余 90% 的非结构化数据与半结构化数据，分布在人类的工作、学习、生活中。

数据主要来源于以下几个方面。

1）科学研究产生的数据

• 基因组。

• LHC（Large hadron collider，大型强子对撞机）加速器。

• 地球与空间探测。

2）企业应用产生的数据

• E-mail、文档、文件。

• 应用日志。

• 交易记录。

• 银行、基金、股票、期货等金融数据。

3）Web 1.0 数据

• 文本数据。

• 图像数据。

• 视频数据。

4）Web 2.0 数据

• 查询日志、点击流产生的数据。

• 微博、贴吧、社交网络上产生的数据。

• 百度百科、维基百科。

- 抖音、快手、视频号等短视频数据。

5）Web 3.0 数据

- 数字货币、虚拟货币等数据。
- 区块链产生的数据。
- 元宇宙产生的数据。
- DAO、NFT 等数据。

大数据有四个特征，也称 4V 特征，分别为数据量大（volume）、种类多（variety）、高速处理（velocity）和价值密度低（value）。以前，由于成本的限制，如此繁多的数据无法长期保存。如今，存储设备的成本在逐渐降低，之前价值不高的数据也开始被保存、挖掘。大数据为政府、科研、企业、个人等贡献了巨大的价值。

对大数据的研究，主要分为数据采集、数据预处理、数据存储、数据分析与挖掘等几个方面。其中，数据采集是大数据分析与挖掘项目的基础，它又细分为互联网应用数据采集、数据库数据采集、日志采集等。互联网应用数据采集是初级数据采集从业人员的基本技能，也是本书重点研究的对象。

2. 互联网数据采集的主要技术

互联网数据采集技术主要有以下两种。

（1）使用软件工具进行数据采集，如"八爪鱼采集器""后羿采集器"等。这些采集器大多数的原理为通过抓包技术抓取 HTTP 请求，然后通过正则表达式获取关键信息，部分软件工具还可以模拟单击按钮查看隐藏内容等。

使用软件工具的优点：简单，不需要会使用编程语言；可以直接使用别人做好的采集流程（大多数为收费）来采集特定网站的信息。

使用软件工具的缺点：依赖使用环境，如 Linux 环境下无法使用；操作人工化，自由度低；采集大数据集时有性能缺陷；无法通过编写代码的方式与数据分析挖掘、数据存储等工作进行实时对接。

（2）通过编写代码进行数据采集，编程语言可以使用 Java、Python 等。其中，Python 语言简单易学，与后期的数据预处理部分所使用的 Numpy、Pandas 等第三方库可以进行无缝衔接，是最佳的选择。

使用 Python 语言编写代码采集数据是本书的主要内容。要想成为一名专业的数据采集人员，最基本的编程知识是要掌握的，如列表和字典的基本使用等。

本书使用 Anaconda3 作为 Python 开发的基础环境。Anaconda 是一个开源的 Python 发行版本，在全球拥有超过 2500 万用户。使用 Anaconda 开源个人版（分发版）是在单台机器上执行 Python/R 数据科学和机器学习的最简单方法。Anaconda 是为独立开发者开发的工具包，包含了数千个开源包和库，免去了独立安装 Python 基础环境，再依次安装包的过程。Anaconda 还包含了一个开源免费的网页编辑代码工具 jupyter notebook，它是数据科学领域的最佳交互式工具。

任务 1.1　通过 Anaconda3 安装基础开发环境

步骤 1　下载 Anaconda3。

打开 Anaconda 官方产品下载网站，如图 1.1 所示。

图 1.1　Anaconda 官网产品下载页面

读者可以根据已有的操作系统，选择单击 Download 按钮下方的 Windows、MacOS 或者 Linux 图标按钮，进入如图 1.2 所示的下载链接页面（本书选择 Windows 操作系统）。

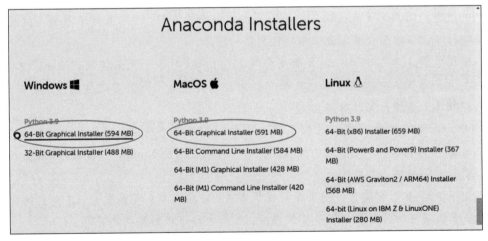

图 1.2　Anaconda 下载链接

步骤 2　安装 Anaconda3。

（1）找到上述操作下载完成的 Anaconda-2022.05-Windows-x86_64.exe 文件，右击安装包，在菜单中选择"以管理员身份运行"标签，打开后出现欢迎界面，单击 Next 按钮，进入下一步，如图 1.3 所示。

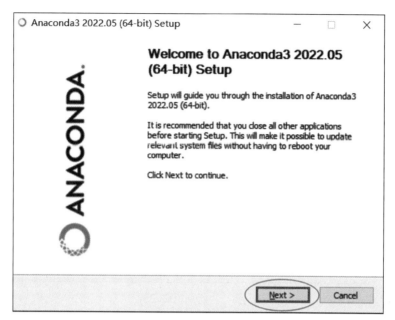

图 1.3 单击 Next 按钮

（2）进入安装使用协议界面，单击 I Agree 按钮，同意使用协议，如图 1.4 所示。

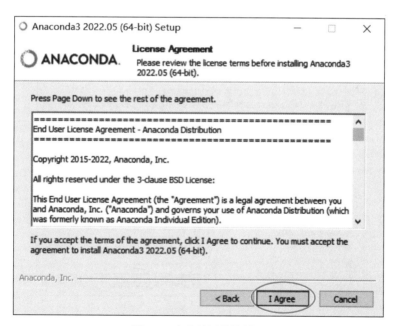

图 1.4 安装使用协议界面

（3）选择安装类型界面有两个选项：一个是仅为当前用户安装，另一个为所有用户安装。选择下方的 All Users（为所有用户安装）后单击 Next 按钮，如图 1.5 所示。

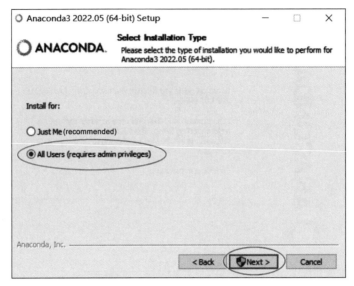

图 1.5　为所有用户安装

（4）这时，Windows 10 用户会弹出"安装程序会更改用户设置，是否同意"的选项，选择"是"按钮。下一步选择用户安装路径，我们选择安装在 C:\ProgramData\Anaconda3 目录下或 D:\ProgramData\Anaconda3 目录下，然后单击 Next 按钮，如图 1.6 所示。

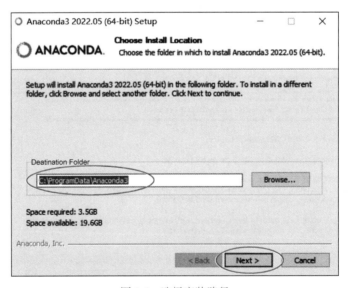

图 1.6　选择安装路径

注意：此时，如果出现警告"Directory 'C:\Programedata\...' is not empty."，说明安装目录不为空，需要修改一下安装路径，如改为 C:\Anaconda3 或 D:\Anaconda3 就可以解决。

（5）选择安装路径后，进入添加环境变量操作环节。如图 1.7 所示，界面中有两个选项，上面的选项是将 Anaconda 添加到系统的环境变量中，下面的选项是将 Anaconda 注册为系统的 Python 3.9，勾选"Register Anaconda3 as the system Python 3.9"，安装完成再手动添加系统环境变量，单击 Install 按钮。

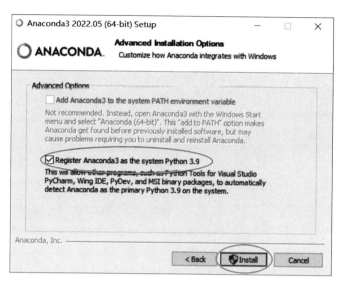

图 1.7 添加环境变量

（6）添加完环境变量后，系统需要花费一段时间安装，如图 1.8 所示。

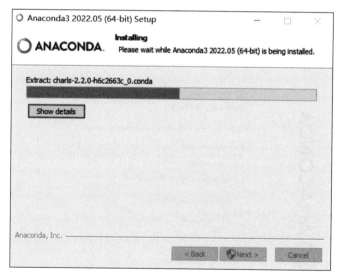

图 1.8 Anaconda 安装中

注意： 在安装过程中，如果计算机安装了腾讯电脑管家、360 安全卫士、火绒等安全软件，会弹出窗口，这时切记要选择同意所有操作选项，千万不能选择关闭或者拒绝。

根据计算机配置，安装需要 5～15 分钟，要耐心等待。如图 1.9 所示，当出现 Completed 时，即代表已经安装成功，单击 Next 按钮，进入推荐下载页面。

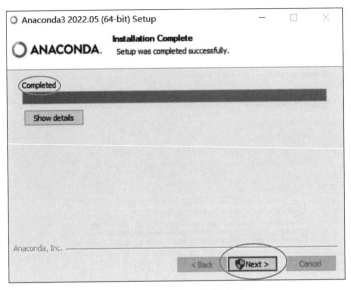

图 1.9　Anaconda 安装成功

（7）Anaconda 推荐下载 DataSpell，它是 Jetbrains 公司的最新 IDE（integrated development enviroment）工具，但本书使用 jupyter notebook 作为编辑工具，故忽略该步骤，直接单击 Next 按钮进入下一步。

（8）完成安装页面，取消勾选 "Anacoda Individual Edition Tutorial" 和 "Getting Started with Anaconda" 两个选项，单击 Finish 按钮，完成安装，如图 1.10 所示。

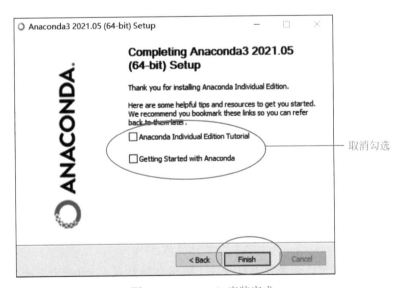

图 1.10　Anaconda 安装完成

（9）添加环境变量。由于安装过程中并没有勾选自动添加环境变量的选项，所以需要将 Anaconda 的安装路径手工添加到 Windows 系统环境变量中。右击 Windows 桌面上 "此电脑" 图标，在弹出的窗口中选择 "属性" 选项，在打开的界面中单击左侧 "高级系统设置"标签，在打开的"系统属性"窗口中，单击"高级"选项卡，单击"环境变量"按钮，打开"环境变量"窗口，如图 1.11 所示，向下拖动"系统变量"右侧的滚动条，找到 Path 选项并双击。

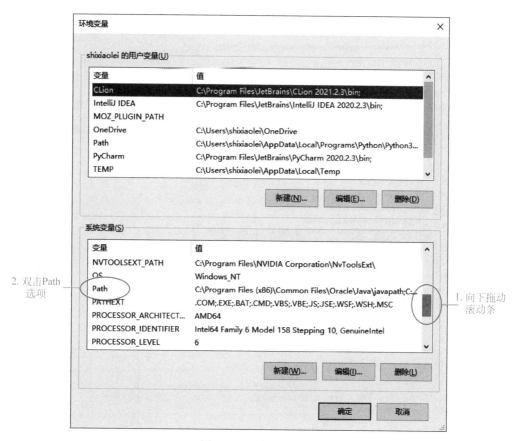

图 1.11　环境变量窗口

（10）打开"编辑环境变量"窗口后，单击"新建"按钮，依次在输入框中添加如下 三 个 路 径："C:\ProgramData\Anaconda3""C:\ProgramData\Anaconda3\Library\bin" 和 "C:\ProgramData\Anaconda3\Scripts"。由于读者在安装过程中可能选择了不同的安装路径，所以需要先自行找到 Anaconda3 的具体安装路径。完成后单击"确定"按钮，如图 1.12 所示。

（11）返回"环境变量"窗口（如图 1.11 所示的环境变量窗口）后，再次单击"确定"按钮。最后，重启计算机，让环境变量的配置生效。

步骤 3　验证安装。

Anaconda 的安装过程包含了 Python 3.9 解释器的安装，并且已经将其注册为系统默认的 Python 解释器。

先验证一下 Python 是否正常使用。按 Win + R 组合键，打开运行窗口，输入 cmd，然后回车，打开命令提示符窗口，如图 1.13 所示。

图 1.12　编辑环境变量

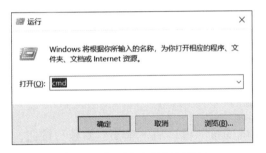

图 1.13　打开命令提示符窗口

在命令提示符窗口中输入 Python，然后回车，出现 Python 版本号 3.X.X 字样，最下方出现 ">>>"，即代表 Python 安装成功，如图 1.14 所示。

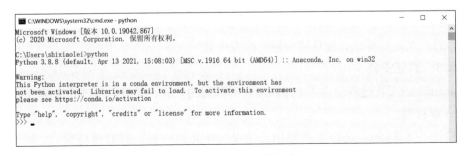

图 1.14　Python 正常运行

在 Python 解释器（Python shell）窗口中，输入 exit() 退出，如图 1.15 所示。

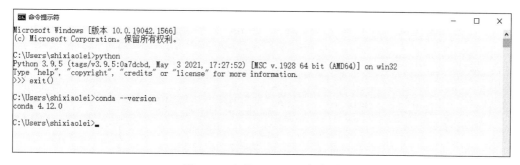

图 1.15 退出 Python 解释器

接着，在上面的命令提示符窗口中输入 conda --version，查看 Anaconda 的版本号，如果出现 conda 4.X.X 字样，说明安装成功，如图 1.16 所示。

图 1.16 查看 Anaconda 版本号

关于 Anaconda 更加详细地使用，请读者参考 Anaconda 的官方文档。如果在安装过程中出现任何问题，请参考任务 1.2 中的相关内容。

步骤 4 启动 jupyter notebook。

如果以上步骤都正常执行，就可以启动 jupyter notebook 来开发 Python 程序了。

（1）在 D 盘（C 盘也可）根目录建立"数据采集"文件夹，如图 1.17 所示。

图 1.17 建立"数据采集"文件夹

（2）进入"数据采集"文件夹，在地址栏输入命令 cmd，然后回车，打开命令提示符窗口，并定位到 D 盘下的"数据采集"文件路径下，如图 1.18 所示。

图 1.18　打开命令提示符窗口并定位路径

（3）在命令提示符窗口中，输入命令 jupyter notebook，回车，当出现类似 http://
localhost:8888... 的网址时就表示 jupyter notebook 启动成功，如图 1.19 所示。

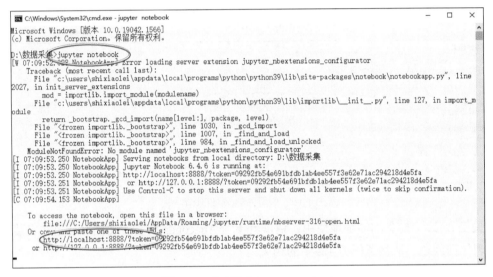

图 1.19　成功启动 jupyter notebook

（4）此时，如果读者安装了 Chrome 浏览器（建议安装），并设置为默认浏览器，则
会自动打开 Chrome 浏览器，并启动 jupyter notebook 页面。如果没有弹出，或者默认浏览
器为 IE，则建议手动打开 Chrome 浏览器，并复制（鼠标选中后右击即可复制）类似下方
的网址：http://localhost:8888?token=... 将整行网址粘贴到浏览器中打开，如图 1.20 所示。

图 1.20　在浏览器中启动 jupyter notebook

（5）如图 1.21 所示，选择右侧 New 下拉菜单中的 Python 3 选项并单击，就可以新建

一个 Python 程序。

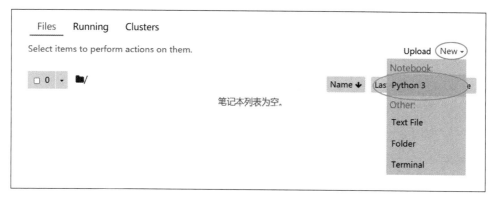

图 1.21 新建 Python 3 文件

（6）浏览器会打开新的窗口，输入语句 print（'Hello，world!'），然后按快捷键 Shift+Enter 运行这个程序，就会在下方输出"Hello，world!"，如图 1.22 所示。

图 1.22 运行 Python 3 程序

单击工具栏中的 + 按钮，可新建一个单元格，在其中输入代码。在 jupyter notebook 中，每个单元格都可以独立运行，运行方式为 Ctrl + Enter（运行当前单元格的代码），或 Shift + Enter（运行当前单元的代码并在下方新建单元格），通常后一种更为常用。

关于 jupyter notebook 更多的学习资源，参考本书配套数字资源"数据采集 / 数字资源 .txt"中的网址进行学习。

任务 1.2 常见问题与解决方案

在安装基础开发环境时，难免会出现各种问题，以下是常见问题，供读者参考。

问题 1：Windows 10 家庭版和 Windows 10 教育版，出现没有权限添加环境变量的问题。

解决方案如下。

（1）在 Windows 搜索框中输入 cmd，然后单击"以管理员身份运行"标签，打开命令提示符窗口，如图 1.23 所示。

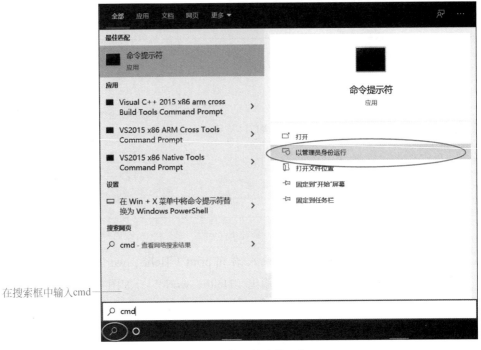

图 1.23　以管理员身份运行

（2）在打开的命令提示符窗口输入 net user administrator /active:yes，按回车执行命令，提示命令成功完成，进行下一步，如图 1.24 所示。

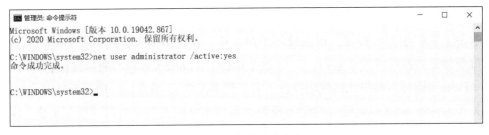

图 1.24　命令成功完成

（3）右击开始菜单，选择关机或注销，如图 1.25 所示。

图 1.25　注销并重新登录

（4）使用 Administrator 用户登录方式进行登录后，重复任务 1.1 的所有步骤即可。

注意：以后使用计算机都必须用 Administrator（超级管理员）用户登录。

问题 2：计算机安装了腾讯电脑管家、360 安全卫士，当弹出窗口时单击了拦截。

解决方案：卸载以上软件，重复任务 1.1 的所有步骤。正常使用后，再安装以上安全软件即可。

问题 3：安装时，提示目录不为空。

解决方案：说明目录已经存在，且不为空，手动删除目标安装目录，或者更改安装路径即可解决。

■ 任务拓展

我们对本书中用到的 Python 知识点进行一个简单的梳理，方便读者后续的学习。通过数据采集技术获取的数据，需要先处理为 Python 的列表和字典的形式，然后进行数据清洗、存储等工作，所以对 Python 列表与字典的索引与遍历是数据提取的必备基础知识。

1）列表的索引与遍历

列表通过下标（index）来索引对象。下标是从 0 开始，然后是 1、2、3……也可以用负数来索引，最后一个对象为 –1，倒数第 2 个对象为 –2。例如，定义一个列表，然后索引下标为 0 的对象，可以输出列表中的第 1 个对象。

【例 1.1】 定义并索引列表。

```
In [1]:
# 定义列表
a = ['a','b','c','d','e']
# 索引下标为 0 的对象
a [0]
Out [1]:
'a'
```

注意：代码中 a[0] 表示 print(a[0])，在 jupyter notebook 中，如果单独输出一个变量，可以省略 print。

再如，输出列表中下标为 –1 的对象。单击 + 按钮，或者在上一个单元格中按 Ctrl + Enter 组合键执行代码的同时在下方新建一个单元格，在新的单元格中输入 a[–1]，按 Shift+ Enter 组合键，可以输出 "e"。

在 jupyter notebook 中，每个单元格都可以单独输出结果，并且后面的单元格，可以引用前面单元格中定义的变量与函数，本书代码中标识的 In[1]、In[2] 等，表示在第几个单元格中输入代码，如 In[1] 表示在第一个单元中输入代码；Out[1] 表示第一个单元格代码执行后的输出结果。

【例 1.2 】 用负下标索引列表。

```
In [2]
# 索引下标为 -1 的对象
a[-1]
Out[2]:
'e'
```

【例 1.3 】 使用 for 循环遍历列表中的对象。

```
In [3]:
# 用 for 循环遍历列表
for i in a:
    print(i)  # 输出列表中的对象
Out [3]:
a
b
c
d
e
```

遍历就是依次访问列表中的元素，这里只是进行了简单的打印输出，也可以进行更复杂的操作。

2）字典的索引与遍历

字典是以键值对形式组织的一种数据类型。通过"键（Key）"可以索引字典中的对象，输出的是这个"键"对应的"值（Value）"。

例如，定义一个字典，包含两个"键"，分别为 name 和 age，然后从字典中通过 name 键索引出值"张三"。

【例 1.4 】 定义字典并通过键索引对象。

```
In [4]:
# 定义字典
d = {'name':'张三','age':18}
# 索引键为 name 对象
d['name']
Out [4]:
'张三'
```

【例 1.5 】 通过 age 键索引出值 18。

```
In [5]:
# 索引键为 age 对象
d['age']
Out [5]:
18
```

遍历字典，使用 for 循环。但是，要在字典名后面加 keys() 方法，表示仅遍历出字典的所有"键"；加 values() 方法，表示仅遍历出字典的所有"值"；加 items() 方法，表示同时遍历字典的"键"和"值"。

【例 1.6】　遍历字典中的"键"。

```
In [6]:
# 将字典中所有的键遍历出来
for i in d.keys():
    print(i)
Out[6]:
name
age
```

【例 1.7】　遍历字典中的"值"。

```
In [7]:
# 将字典中所有的值遍历出来
for i in d.values():
    print(i)
Out [7]:
张三
18
```

【例 1.8】　同时遍历"键"和"值"。

```
In [8]:
# 将字典中所有的键和值同时遍历出来
for k,v in d.items():
    print(k,v)
Out [8]:
name 张三
age 18
```

注意：遍历字典默认是遍历字典的 keys()，也就是只遍历键。

3）列表与字典的嵌套

在数据采集过程中，我们经常会遇到列表与字典嵌套的形式。例如，列表中包含多个字典，字典的值可以是一个列表，也可以是一个字典等。不同情况下，有不同的索引方法。

（1）列表包含多个字典时，先用下标索引，再用键索引。

定义一个列表，列表中包含多个字典，并且每个字典的"键"完全一致。从列表中通过下标索引，可以索引出列表中的字典。

【例 1.9】 嵌套列表的索引。

```
In [9]:
# 列表中包含多个字典
data = [{'name':' 张三 ','age':18},{'name':' 李四 ','age':20}]
# 索引列表中下标为 1 的对象中
data[1]
Out [9]:
{'name':' 李四 ','age':20}
```

还可以用两个方括号进行 2 级索引：第 1 个方括号中填入下标，第 2 个方括号中填入"键"，则可以索引出字典中的元素，如"李四"。

【例 1.10】 嵌套列表的多级索引。

```
In [10]:
# 从上面的结果中再次索引键为 name 的对象
data[1]['name']
Out [10]:
' 李四 '
```

遍历对象时要用两层 for 循环，先遍历列表，再遍历字典。

【例 1.11】 嵌套列表的遍历。

```
In [11]:
for i in data: # 先遍历列表
    for k,v in i.items(): # 再遍历字典
        print(k, v)
Out [11]:
name 张三
age 18
name 李四
age 20
```

（2）字典的值是一个列表时，先用键索引，再用下标索引。

例如，data 是一个字典，其中 name 键的值是一个列表。先通过 name 键将列表索引出来。

【例 1.12】 嵌套字典的索引。

```
In [12]:
# 字典的值是一个列表
data = {'name':[' 张三 ',' 李四 '], 'age':[18, 20]}
# 索引键为 name 的对象
data['name']
Out [12]:
[' 张三 ',' 李四 ']
```

然后从上面的索引结果中再次通过下标索引，如下标 1 索引出"李四"。

【例 1.13】 嵌套字典的多级索引。

```
In [13]:
# 从上面的结果中再次索引下标为 1 的对象
data['name'][1]
Out [13]:
'李四'
```

遍历整个字典对象时要用两层 for 循环，第 1 层循环遍历字典，第 2 层循环遍历列表。

【例 1.14】 嵌套字典的遍历。

```
In [14]:
for v in data.values(): # 先遍历字典
    for i in v: # 再遍历列表
        print(i)
Out [14]:
张三
李四
18
20
```

（3）字典的值是一个字典时，需要索引两次，先用键索引值中的字典，再用键索引出最终的值。

例如，字典 data 的键 score 的值也是一个字典，包含了语文和数学两门课程的分数。先索引出所有的成绩，结果是字典的形式。

【例 1.15】 值为字典形式的索引。

```
In [15]:
# 字典的值是一个字典
data = {'name':'张三','score':{'语文':87,'数学':92}}
# 索引键为 score 的对象
data['score']
Out [15];
{'语文':87,'数学':92}
```

然后从本例的结果中再次索引出数学成绩为 92，代码如下。

【例 1.16】 值为字典形式的多级索引。

```
In [16]:
# # 从上面的结果中再次索引键为数学的对象
data['score']['数学']
Out[16]:
92
```

遍历上面 data 字典中的所有成绩，先用 score 索引出包含所有成绩的字典，再通过字典的 items() 方法遍历出所有成绩。

【例 1.17】 值为字典形式的遍历。

```
In [17]:
# 先索引出某个值再遍历
for k,v in data['score'].items():
    print(k,v)
Out [17]:
语文 87
数学 92
```

◆ 项 目 总 结 ◆

本项目重点讲解了集成开发工具 Anaconda 3 的安装与基本使用，Anaconda3 包含了基础的 Python 解释器、1000 多个数据科学领域的库，以及 jupyter notebook 工具。Anaconda3 具有安装过程简单、多平台适用、开源免费、高效使用 Python 的特点，是数据科学领域的最佳实践。本项目还介绍了数据采集的基本概念，数据采集常用的技术，使用 Python 编写代码采集数据的优势。通过本项目的实践，读者可以快速入门，为今后的学习奠定了良好的基础。当读者进入学习的高级阶段，则可以自行选择 Python 解释器、包管理工具、IDE 集成开发环境。

◆ 项目巩固与提高 ◆

一、填空题

1. 对于大数据的研究，主要包含_____、_____、_____、_____四个方面。

2. 数据采集的流程，可以细分为_____、_____、_____三个步骤。

二、判断题

1. 在 cmd 命令提示符窗口，运行 Python 解释器的命令是 python。   （   ）

2. 在 Python shell 窗口，退出 Python 解释器的命令是 exit。   （   ）

三、问答题

1. 使用软件工具进行数据采集有哪些优点与缺点？

2. 使用 Python 编写代码进行数据采集有哪些优点与缺点？

四、思考题

如何找到 Anaconda3 的安装路径？

项目2

通过国务院新闻网官方API获取时政新闻

项目目标

- 掌握 requests 库的基本使用方法。
- 学会解析 json 格式数据的方法。

在项目1中，我们顺利安装了基础开发环境 Anaconda3，并学会了如何启动 jupyter notebook 来执行简单的 Python 程序。从本项目开始，我们将学习如何使用 Python 以及 requests 库来采集互联网开放 API 的数据信息。

项目描述

假设读者所在单位要求技术人员建立一个时政热词跟踪系统，主要功能为采集最新、最权威的国家新闻资讯，要求新闻来源合法且准确。单位希望从新闻中提取出关键词，并统计关键词出现的频率，从而对政策走势进行及时的跟踪。

中华人民共和国国务院新闻办公室网（以下简称"国务院新闻网"）对社会免费开放了新闻 API 接口，技术人员可以通过此接口请求新闻数据，返回数据为 json 格式。我们将通过请求此接口合法获取可靠的最新资讯。

项目实施

（1）导入 requests 库，通过 requests.get() 方法向网页地址发起请求。
（2）对返回的 json 格式的数据进行解析，将 json 转换为 Python 的字典进行处理。

"1+X"证书考点

数据采集职业技能等级要求（初级）：

- 熟悉不同互联网应用数据类型。
- 能够使用工具或编写程序获取不同类型互联网数据并进行数据抽取。

岗位技能要求

- 岗位：数据采集工程师。
- 要求：熟练使用 Python 语言编写数据采集程序，熟悉 requests 库和 API 请求规则。

课程思政要求

本项目的思政要求是让读者通过数据采集，对国务院新闻网发布的内容进行学习，了解国情，增强对党和国家近期动态的了解，更加坚定中国特色社会主义的道路自信、理论自信、制度自信、文化自信。

知识链接

1. url 简介

url（uniform resource locator，统一资源定位符）是对从互联网上得到的资源的位置和访问方法的一种简洁表示，是图片、音视频、CSS/JavaScript 文档、HTML 页面等互联网资源的地址。

2. 网络请求 get() 方法和 post() 方法

get() 方法用于获取由 Request-URI 所标识的资源的信息。在浏览器地址栏中输入网址访问网页，浏览器向服务器获取资源所采用的就是 get() 方法。

post() 方法是 get() 方法的一个替代，它主要是向 Web 服务器提交表单数据，还克服了 get() 方法中的信息无法保密的缺点。当数据量较大时，通常采用 post() 方法。

3. API 简介

API（application programming interface，应用程序接口）是一些预先定义的接口（如函数、HTTP 接口），或指软件系统不同组成部分衔接的约定。API 用来提供应用程序与开发人员基于某软件或硬件得以访问的一组例程，而又无须访问源码，或理解内部工作机制的细节。

通俗地说，就是网站或应用程序，将自身的资源或数据对外共享，并提供了一种非常方便调用的方式，通常面对的是技术开发人员。

4. json 数据格式

json（JavaScript object notation）是一种轻量级的数据交换格式。它基于 ECMAScript 的一个子集，采用完全独立于编程语言的文本格式来存储和表示数据。简洁和清晰的层次结构使得 json 成为理想的数据交换语言。json 易于阅读和编写，同时也易于机器解析和生成，并有效地提升网络传输效率。

　　json 是纯文本格式，用于不同的计算机与应用程序之间的数据交换，所以适用于几乎所有的计算机系统，主流编程语言对 json 都有很好的支持。同时，json 也取代 XML，成为 API 请求返回数据最主要的格式。

任务 2.1　从开放的 API 采集数据

步骤 1　启动 jupyter notebook。

　　在"此电脑 /D 盘"建立项目文件夹并命名为"时政热词"，在文件夹中启动 jupyter notebook，如图 2.1 所示。新建 Python 3 文件，如图 2.2 所示，并更改文件名为"国务院新闻 API"，如图 2.3 所示。

图 2.1　启动 jupyter notebook

图 2.2　新建 Python 3 文件

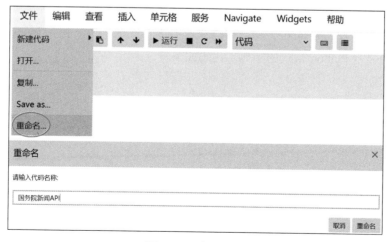

图 2.3　重命名文件

步骤 2　导入 requests 库，并请求国务院新闻网 API。

requests 是一个简单且优雅的 Python HTTP 库，通过编码的方式向网络发送请求。它是目前使用最广泛的 HTTP 请求库，相比 Python 自带的 urllib 库，使用更加简单，主要用于 API 接口测试与调用、网络爬虫等工作。

若要了解官方文档，可以查看本书的配套数字资源"时政热词 / 数字资源 .txt"。

requests 库已经默认安装在 Conda 中，所以不用安装即可直接导入使用，如果需要安装，直接输入命令 pip install requests 即可。

在使用 requests 进行 API 请求之前，先使用 import requests 导入，然后使用 requests 的 get() 方法请求 url 地址，返回一个 requests 对象 r，代码如下。

```
In [1]:
# 导入 requests 库
import requests
```

```
In [2]:
# 请求 url 地址。
url = 'https://app.www.gov.cn/govdata/gov/home.json'
r = requests.get(url)
```

requests.get() 方法的语法格式及常用参数含义如下所示。

```
response = requests.get(url=url, params=prams,headers=headers, proxies=proxies)
```

- url：请求的地址。
- params：用字典（key，value）形式传递的参数。
- headers：定制请求头部，通常用来设置浏览器相关参数。
- proxies：配置代理服务器，用来避免 IP 被封锁。

在该步骤中，仅需传入 url 地址即可。

步骤 3　将返回的 json 数据转换为 Python 对象。

使用 requests 对象的 json() 方法，可以快速地将 json 字符串转换为 Python 对象。当打印 data 时，会显示 Python 格式的字典。代码如下。

```
In [3]:
data = r.json()
data
Out [3]:
{'sections': {'1': {'sectionId': 1,
    'releatedColumnId': 472,
    'releatedCategoryId': 0,
...
}
```

步骤 4　在浏览器中查看数据的层级结构。

将请求地址 url 复制到浏览器中进行查看。打开 Chrome 浏览器，按图 2.4 所示输入 url 地址，通过浏览器的 jsonView 扩展，可以很清晰地查看 json 数据的层级结构，如

图 2.4 所示。

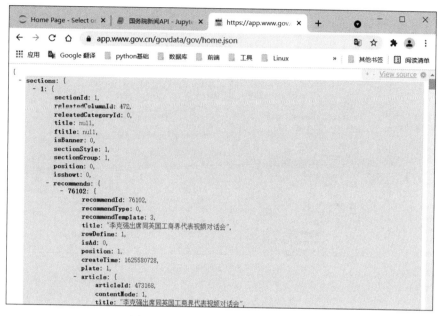

图 2.4 在 Chrome 浏览器中打开 url

小技巧

用 Chrome 浏览器查看 json 格式数据。安装 jsonView 扩展程序，下载 zip 文件后解压。

安装方式：在浏览器中输入 chrome://extensions/，选择开发者模式，然后单击"加载已解压的扩展程序"按钮，定位到解压后的文件夹并选择 WebContent/codemirror 目录，即可安装，如图 2.5 所示。安装完后，重启浏览器。

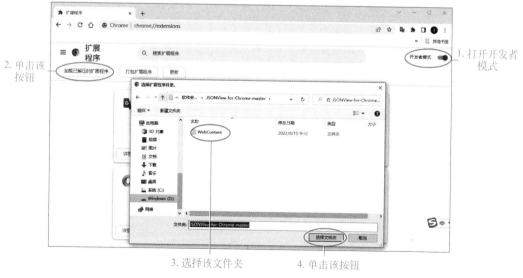

图 2.5 安装 jsonView 扩展程序

步骤 5　对内容进行定位、采集。

通过分析,任务要求的政策在版块 5 中,通过编码采集版块中所有新闻的标题和地址,如图 2.6 和图 2.7 所示。

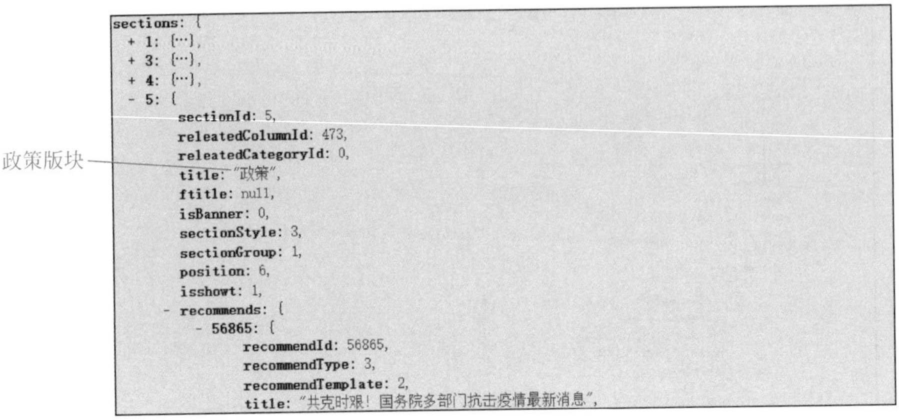

图 2.6　政策版块

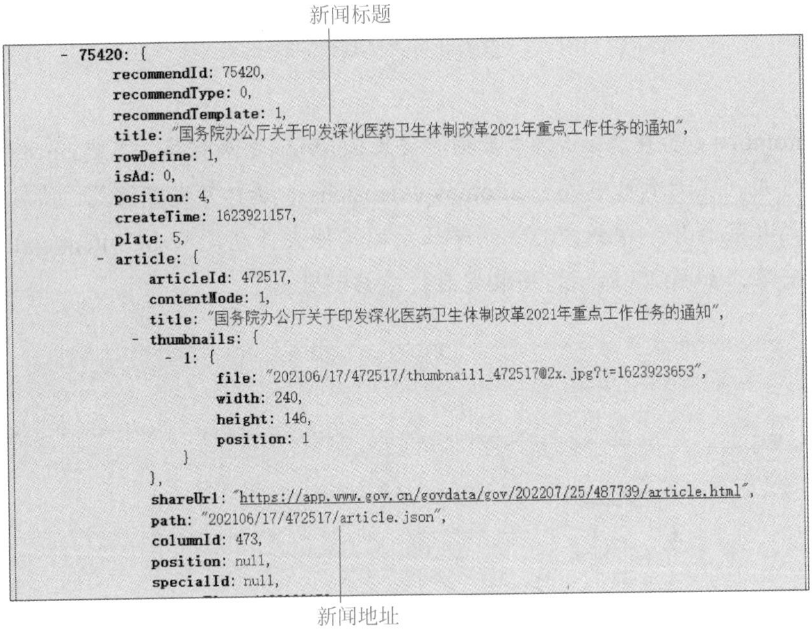

图 2.7　定位新闻标题与地址

通过对返回数据的分析,确定资源位置后编写代码如下。

```
In [4]:
# 按照层级结构返回新闻的列表
news = data['sections']['5']['recommends']
# 对新闻列表进行遍历
for new in news.values():
```

```
        print(new['article']['title']) # 打印新闻的标题
        print(new['article']['path']) # 打印新闻的路径
Out [4]:
```
国务院办公厅关于同意河北、浙江、湖北省开展行政备案规范管理改革试点的复函
202107/07/473200/article.json
中共中央办公厅　国务院办公厅印发《关于依法从严打击证券违法活动的意见》
202107/06/473164/article.json
国务院办公厅关于加快发展保障性租赁住房的意见
202107/02/473039/article.json
国务院关于印发全民科学素质行动规划纲要（2021—2035 年）的通知
202106/25/472806/article.json
...

查看输出结果，已经正确采集到新闻标题与路径。

步骤 6　代码整理与注释。

通过上文的分析，对数据采集工作所需的代码进行整理与注释，如下所示。

```
In [6]:
import requests # 导入 HTTP 请求库，requests
import pandas as pd # 导入 pandas 库
# 设置请求地址 url
url = 'https://app.www.gov.cn/govdata/gov/home.json'
r = requests.get(url) # 请求网址
data = r.json() # 将返回的 json 数据转换为 Python 对象
news = data['sections']['5']['recommends'] # 提取信息
s = [] # 设置空列表，用户存储新闻
for new in news.values(): # 对提取到的新闻进行遍历，values() 只遍历值
    s.append({ # 添加到列表中
        "新闻标题":new['article']['title'], # 添加新闻标题
        "新闻地址":new['article']['path'] # 添加新闻地址
    })
pd.DataFrame(s).to_excel('时政热词 .xlsx') # 将列表保存为 Excel 文件
```

至此，数据采集工作初步完成。如有需要，还可以进一步对采集到的新闻地址进行再次请求，从而得到新闻的详细信息，方法、步骤与采集新闻标题基本相同。

任务 2.2　将数据存储到 Excel 文件

完成任务 2.1 的数据采集后，还需要对数据进行存储。数据存储的方式通常有以下几种。

（1）存储到 NoSQL 数据库（如 MongoDB）或 Excel 中。

（2）当数据量极大时，还需要存储到分布式计算机系统或分布式数据库中，如 Hadoop、HBase 中。

（3）对数据进行清洗完成后，形成结构化的数据，就可以存储到结构化的数据库（如 MySQL）中。

其中，存储到 Excel 中是最简单实用的方式，无须安装任何额外的软件与库，编码量少，易于理解，非常适合初学者进行数据存储。但是 Excel 存储只适合数据量较小，对性能要求比较低的数据。

导入 pandas 库，使用 pandas 的 to_excel() 方法，将数据存储为 Excel。pandas 有一个非常方便的功能，可以将项目 1 中介绍的一个列表包含多个字典这种形式的数据转换为 DataFrame 进行处理。关于 DataFrame，本书将会在项目 3 中进行详细介绍，这里只是提前使用一下，主要关注数据采集的流程，代码如下。

```
In [4]:
import pandas as pd # 导入 pandas 库
s = [] # 空列表，用于存储新闻
for new in news.values():
    s.append({
        "新闻标题":new['article']['title'],
        "新闻地址":new['article']['path']
    })
pd.DataFrame(s).to_excel('时政热词.xlsx') # 将数据写入 Excel 文件
Out [4]:
```

进入"时政热词"文件夹，打开 Excel 文件查看内容，如图 2.8 所示。

B	C
新闻标题	新闻地址
国务院办公厅关于同意河北、浙江、湖北省开展行政备案规范管理改革试点的复函	202107/07/473200/article.json
中共中央办公厅 国务院办公厅印发《关于依法从严打击证券违法活动的意见》	202107/06/473164/article.json
国务院办公厅关于加快发展保障性租赁住房的意见	202107/02/473039/article.json
国务院关于印发全民科学素质行动规划纲要（2021—2035年）的通知	202106/25/472806/article.json
国务院办公厅关于印发深化医药卫生体制改革2021年重点工作任务的通知	202106/17/472517/article.json

图 2.8　存储为 Excel 文件

◆ 项 目 总 结 ◆

本项目通过一个实际案例，让读者掌握了数据采集的基本流程，同时学习了 requests 库中 get() 请求方法。通过分析返回 json 数据的层级结构，我们采集到了政策版块的新闻与新闻地址，并对新闻进行了存储。本项目遵循简单入门的原则，代码量少，易于操作。希望读者通过本项目的内容，能为今后的学习打下扎实的基础。

◆ 项目巩固与提高 ◆

一、填空题

1. 目前使用最广泛的 Python HTTP 库是_____。

2. 我们通过 requests. _____方法，对国务院新闻网 API 发起请求。

3. 通常将采集到的数据存储到_____、_____和_____中。

二、选择题

当数据量极大时，需要将数据存储在（　　　　）中。

A. MongoDB　　　　　　B. NoSQL　　　　　　C. Excel　　　　　　D. 分布式系统

三、问答题

1. 什么是 json 数据格式？

2. 如何将 json 格式的数据转换为 Python 对象？

3. API 数据采集的基本流程是什么？

四、编程题

1. 采集国务院新闻网地方新闻版块中的数据。

2. 通过项目 2 采集到的新闻地址，进一步采集新闻内容。

五、拓展题

你还知道哪些开放的 API 可以采集到新闻资讯？

项目3

采集巨潮资讯网的股票财经信息

项目目标

- 掌握网站 XHR 请求的地址获取方法。
- json 解析进阶，掌握复杂情况下的解析与存储方法。
- 掌握简单的数据清洗方式。

项目 2 中，我们通过一个简单的案例，对开放 API 的数据获取进行了初步的学习。本项目将主要学习在网站没有开放 API 的情况下，如何通过 Chrome 浏览器的数据包抓取工具来分析网站的 XHR 请求，从而获取接口地址。

项目描述

假设读者在一家制造业企业工作，年终时领导要对行业进行分析，并将分析结果写入工作报告中。以往的解决方式都是通过手工下载，并在 Excel 表格中进行复制粘贴。这种方式不仅效率低，并且数据采集不完整，无法做到一次性采集多家数据且进行合并。本项目要求读者基于数据采集技术，通过编写程序完成此任务，并且实现代码的可复用，减少重复性的工作。

项目实施

（1）通过 Chrome 浏览器的开发者工具的 Network 工具对数据包进行抓取。

（2）分析 HTTP 请求中 request（请求）和 response（响应）对象，抓取 XHR（XML-HttpRequest）请求。

（3）对返回的 json 格式数据进行解析，将 json 转换为 Python 的字典进行处理。

✍ "1+X"证书考点

数据采集职业技能等级要求（初级）：
- 熟悉不同互联网应用数据类型。
- 能够使用工具或编写程序获取不同类型互联网数据并进行数据抽取。

🎢 岗位技能要求

- 岗位：数据采集工程师。
- 要求：熟练使用 Python 语言编写数据采集程序，熟悉 requests 库，会通过分析 XHR 请求获取真实的请求地址，并采集 XML/json 数据。

☁ 课程思政要求

本项目是对财经信息进行采集，需要学生有较强的分析能力。在教学中要把马克思主义立场、观点、方法的教育与科学精神的培养结合起来，提高学生正确认识问题、分析问题和解决问题的能力。

知识链接

1. XHR 的概念

XHR 可以解释为可扩展超文本传输请求，其对象可以在不向服务器提交整个页面的情况下，实现局部更新网页。XHR 的对象用于客户端和服务器之间的异步通信。

2. 将 json 数据转换为 DataFrame

在项目 2 中，我们已经对 json 数据如何解析有了初步的了解。本项目将学习如何通过 pandas 库将解析完成的数据转换为 DataFrame。DataFrame 是 pandas 中一种类似表格的数据结构，是和 Excel 中的表格类似的二维表。接下来以一个示例，讲解什么样的数据可以转换为 DataFrame 的类型。

打开 jupyter notebook，新建一个文件，重命名为 jsonDemo，输入如下代码。

```
In [2]:
import json # 导入 json 解析库
s = '[{"name":"张三","age":18},{"name":"李四","age":20}]'
data = json.loads(s) # 将 json 字符串解析为 Python 对象
data
Out [2]:
[{'name':'张三','age':18},{'name':'李四','age':20}]
```

对以上代码逐行解析如下。

• import json

表示导入 Python 的 json 解析库，用于把 json 格式的字符串解析为 Python 对象。

• s = '[{"name":"张三","age":18},{"name":"李四","age":20}]'

变量 s 是一个字符串，其中包含两组结构类型的数据，一种使用 [] 包含的数据称为数组（array），另一种用 {} 包含的数据称为对象（object）。所有的字符串类型数据，外面均为"双撇号"。json 格式的几个关键特征是字符串格式、对象中的字符必须用双撇号包围、数组与对象相互嵌套。

• data = json.loads(s)

使用 json 库的 loads() 方法，将 json 字符串转换为 Python 对象。

• data

输出 data 数据。

json 中的数组转换成了 Python 中的列表（list），json 中的对象转换成了 Python 中的字典（dict）。

索引数据时，列表用下标索引，字典用键索引。例如，获取索引下标为 0 的对象，代码如下。

```
In [3]:
# 获取列表中的第一组数据，下标为 0
data[0]
Out [3]:
{'name':'张三','age': 18}
```

获取索引下标为 0 对象的 name 键的值，代码如下。

```
In [5]:
# 获取第一组数据中 ''name'' 键的值
data[0]['name']
Out [5]:
'张三'
```

导入 Pandas 库，将数据转换成 DataFrame，代码如下。

```
In [7]:
import pandas as pd
pd.DataFrame(data)
Out [7]:
name age
0 张三 18
1 李四 20
```

创建 DataFrame 的方法为 pd.DataFrame()，该方法可以将以下两种 Python 对象直接转换为 DataFrame 对象。

方法 1：变量 data 的最外层是列表，列表中有多个键相同的字典。

```
In [1]:
# 列表中多个字典
data = [{'name': '张三', 'age': 18}, {'name': '李四', 'age': 20}]
pd.DataFrame(data)

Out[1]:
   name age
0 张三  18
1 李四  20
```

方法 2：变量 data 的最外层是字典，字典中键的值是一个列表。

```
In [1]:
# 字典的值是列表
data = {'name':['张三','李四'],'age':[18,20]}
pd.DataFrame(data)
Out[1]:
   name age
0 张三  18
1 李四  20
```

任务 3.1　Chrome 网络抓包工具的使用

常用的财经信息网站有新浪财经、雪球财经、巨潮资讯网等，本书选择巨潮资讯网作为数据源，通过分析网站的 XHR 请求，获取真实的请求地址，然后对返回的 json 数据进行整理清洗，最终将数据保存为 Excel 文件。

当用户通过浏览器输入一个网址时，浏览器会呈现该网址对应的官方页面。这个过程称为 HTTP 请求，其完整生命周期如下。

（1）对输入的网址进行 DNS 域名解析，找到网址对应的 IP 地址与端口。

（2）根据这个 IP 与端口，找到服务器上的应用，发起 TCP 的三次握手。

（3）建立 TCP 连接后发起 HTTP 请求。

（4）服务器响应 HTTP 请求，浏览器得到 HTML 代码。

（5）浏览器解析响应 HTML 代码，并请求 HTML 代码中的资源（JavaScript、CSS、图片等）。

（6）浏览器对页面进行渲染，呈现给用户。

（7）服务器关闭 TCP 连接，四次挥手。

在整个周期当中，数据采集仅关心两个过程：一个是请求（request），浏览器向服务器请求了什么数据；另一个是响应（response），服务器为浏览器响应了什么数据。通过 Chrome 浏览器的开发者工具可以截获 HTTP 的请求与响应数据。

单击 Chrome 浏览器右上方的"设置"图标，选择下拉菜单中的"更多工具"→"开发者工具"选项，就可以打开开发者工具，如图 3.1 所示。

图 3.1　打开开发者工具

也可以通过快捷键 F12，快速打开开发者工具。单击 Network 选项卡，打开 HTTP 数据抓包工具，如图 3.2 所示。

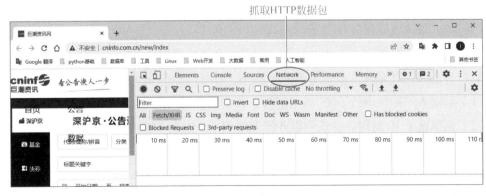

图 3.2　HTTP 抓包工具

任务 3.2　　通过截获 XHR 请求采集数据

步骤 1　通过抓包工具获取页面真实请求地址。

打开巨潮资讯官网首页，在搜索框输入股票代码，如 600893，单击下方出现的上市
公司，如图 3.3 所示。

图 3.3　打开网址，输入股票代码

进入股票详情页面后，按 F12 键打开开发者工具，单击 Network 选项卡，如图 3.4
所示。

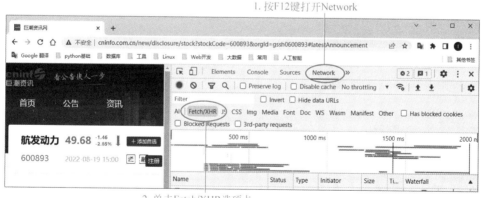

图 3.4　打开 Network HTTP 抓包工具

先单击右侧 Fetch/XHR 选项卡，目的是在抓取到的数据包中只保留 XHR 请求数据，
然后单击页面左侧导航菜单中的财务数据——财务报表，如图 3.5 所示。注意图中单击的
顺序。

35

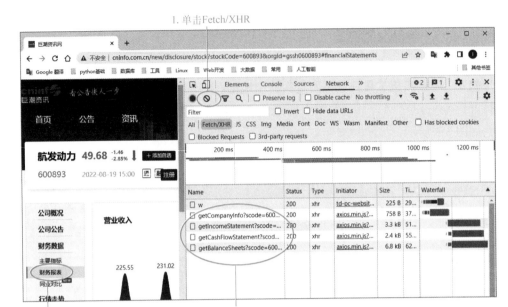

图 3.5 筛选 XHR 请求

在右侧的开发者工具中，会抓取到相应的 HTTP 数据，单击其中的第一项来查看请求的详情。在详情中，单击右侧的 Response（响应），查看返回的数据，如图 3.6 所示。

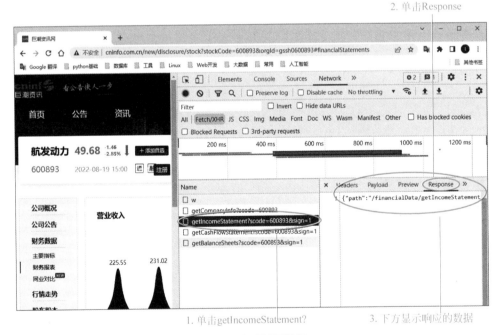

图 3.6 查看返回数据

右击数据包链接，选择 Copy → Copy link address 命令并单击，复制链接地址，用于下一步的 HTTP 请求，如图 3.7 所示。

2. 移动光标到Copy选项　　　3. 单击选中Copy link address

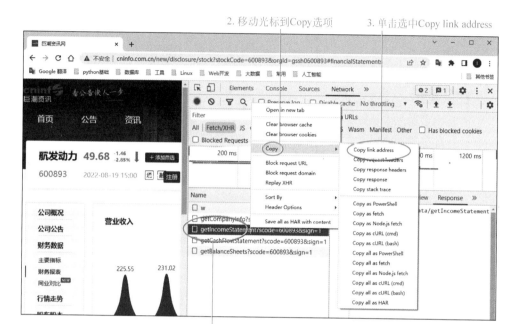

1. 右击该链接

图 3.7　复制链接地址

步骤 2　分析 json 数据的层次结构。

打开一个新的浏览器窗口，将任务 3.2 中复制的网址粘贴到浏览器中打开。在浏览器中查看数据，如图 3.8 所示。

图 3.8　在浏览器中查看数据

单击图 3.8 中 – 号，通过对数据进行折叠与展开，分析 json 的层级结构。如果数据的外层被 {} 包含，则表示为一个对象数据，最终会转换为 Python 的字典来处理，索引方式是通过"键"索引出数据。如果数据的外层被 [] 包含，则表示数据为一个数字，最终会转换为 Python 列表来进行处理，通过列表的下标索引出数据，如图 3.9 所示。

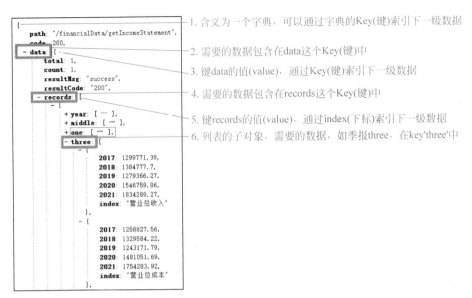

图 3.9　json 数据解析

步骤 3　提取数据。

在"此电脑 /D 盘"建立项目文件夹并命名为"财经数据"，在文件夹中启动 jupyter notebook，如图 3.10 所示。

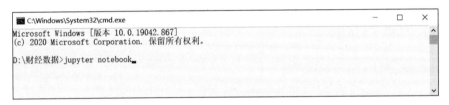

图 3.10　启动 jupyter notebook

新建 python 3 文件，更改文件名为"财经数据 API"，在 jupyter notebook 中，编写代码。导入 requests 库，设置变量 url 为请求地址（也就是任务 3.2 中复制的网址），请求数据和返回的数据是 json 格式，将返回值赋值给变量 r，通过 r 的 json() 方法，将 json 字符串转换为 Python 对象，通过多级索引，得到最终的列表数据 data，代码如下。

```
In [1]:
# 导入库
import requests
# 设置网址
url = 'http://www.cninfo.com.cn/data20/financialData/' \
      'getIncomeStatement?scode=600893&sign=1'
# 对 url 发起请求，请求方式为 get
r = requests.get(url)
# 将返回数据通过 json() 方法，转换为 Python 对象
s = r.json()
```

```
# 索引出需要的数据，季报
data = s['data']['records'][0]['three']
data
Out [1]:
[{'2019': 1279366.27,
  '2018': 1384777.7,
  '2017': 1299771.39,
  '2016': 1259901.42,
  'index': ' 营业总收入 ',
  '2020': 1546759.86},
  ...
  'index': ' 归属母公司净利润 ',
  '2020': 63352.18}]
```

从输出结果可以看到，已经得到一个 DataFrame 所需要的格式，即一个列表包含了多个字典，且字典的键都相同。

此时，如果想得到某一项单独的数据，可以利用列表的下标，或者键来索引。例如，想知道该公司 2016 年的营业总收入，代码如下。

```
In [2]:
data[0]['2016']
Out [2]:
1259901.42
```

在上述代码中，营业总收入为列表中的第一个对象，下标为 0。2016 年的数据在字典中，键为 2016，输出结果为 1259901.42。

当然，更多的时候，我们需要所有的数据，而不是某一项数据，这时就可以利用 Pandas，将这种形式的数据转换为 DataFrame 进行处理，代码如下。

```
In [3]:
import pandas as pd
df = pd.DataFrame(data)
df
Out [3]:
     2019        2018        2017        2016        index        2020
0 1279366.27 1384777.70 1299771.39 1259901.42 营业总收入      1546759.86
1 1243171.79 1329584.22 1258827.56 1228895.06 营业总成本      1481051.69
2 54408.17   75250.40   43280.36   36041.60   营业利润       78063.16
3 53432.29   76060.63   46947.92   45623.37   利润总额       77691.25
4 8096.14    8897.74    9304.99    10809.13   所得税        11743.74
5 41326.79   65049.80   36493.08   30026.37   归属母公司净利润  63352.18
```

输出 DataFrame，将原始数据中的营业总收入、营业总成本、营业利润、利润总额、所得税、归属母公司净利润共 6 项数据，从 2016～2020 年共 5 年的财报数据，全部显示在表中完成。

index 和 2019 这两列的位置不正确，需用 Pandas 进一步整理数据，对列的位置进行调整。代码如下所示。其中，iloc 表示通过 DataFrame 的 index 来索引；：表示索引所有的行；[4, 3, 2, 1, 0, 5] 列的下标表示按照列表中下标的位置重新排序。

```
In [4]:
# 用 iloc 根据下标位置，对列进行调整。
df2 = df.iloc[:,[4,3,2,1,0,5]]
df2
Out [4]:
   Index        2016        2017        2018        2019        2020
0 营业总收入    1259901.42  1299771.39  1384777.70  1279366.27 1546759.86
1 营业总成本    1228895.06  1258827.56  1329584.22  1243171.79 1481051.69
2 营业利润      36041.60    43280.36    75250.40    54408.17    78063.16
3 利润总额      45623.37    46947.92    76060.63    53432.29    77691.25
4 所得税        10809.13    9304.99     8897.74     8096.14     11743.74
5 归属母公司净利润 30026.37   36493.08    65049.80    41326.79    63352.18
```

步骤 4　数据存储为 Excel 文件。

将数据存储为 Excel 文件，用 DataFrame 的 to_excel() 方法进行保存，文件名为"季报数据 _600893.xlsx"，代码如下。

```
In [5]:
df2.to_excel(' 季报数据 _600893.xlsx')
```

运行成功后，可以在"财经数据"文件夹中看到保存的文件"季报数据 _600893.xlsx"，如图 3.11 所示。

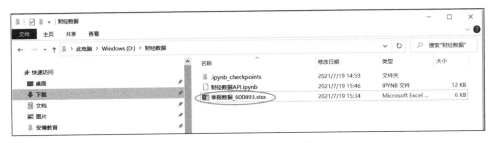

图 3.11　存储为 Excel 文件

打开文件查看数据，DataFrame 的数据写入了 Excel 中，如图 3.12 所示。

	A	B	C	D	E	F	G
1		index	2016	2017	2018	2019	2020
2	0	营业总收	1259901	1299771	1384778	1279366	1546760
3	1	营业总成	1228895	1258828	1329584	1243172	1481052
4	2	营业利润	36041.6	43280.36	75250.4	54408.17	78063.16
5	3	利润总额	45623.37	46947.92	76060.63	53432.29	77691.25
6	4	所得税	10809.13	9304.99	8897.74	8096.14	11743.74
7	5	归属母公	30026.37	36493.08	65049.8	41326.79	63352.18

图 3.12　查看 Excel 文件

步骤5 整理完整代码。

将完整的代码进行整理注释后，代码如下。

```
In [6]:
# 导入 requests 库
import requests
# 设置请求地址，其中的 600893 为股票代码
url = 'http://www.cninfo.com.cn/data20/financialData/' \
      'getIncomeStatement?scode=600893&sign=1'
# 请求数据
r = requests.get(url)
# 将返回的 json 数据转换为 Python 对象
s = r.json()
# 从 Python 对象中按键或下标索引出数据，如 three 季报
data = s['data']['records'][0]['three']
# 将数据转换为 DataFrame 进行处理
import pandas as pd
df = pd.DataFrame(data)
# 用 iloc 按下标位置，对列进行调整。
df2 = df.iloc[:,[4,3,2,1,0,5]]
# 将 DataFrame 保存为 Excel 文件。
df2.to_excel(' 季报数据 _600893.xlsx')
Out [6]:
```

任务 3.3 采集更多信息

任务 3.2 仅采集到了一家上市公司的季报信息，本任务将继续采集年报、中报等其他财务信息，以及采集其他公司的信息。

采集股票 600893 的年报信息，仅需要修改任务 3.2 代码的一部分，注意如下代码中两处加粗部分为修改的数据。

```
In [7]:
# 导入 requests 库
import requests
# 设置请求地址，其中的 600893 为股票代码
url = 'http://www.cninfo.com.cn/data20/financialData/' \
      'getIncomeStatement?scode=600893&sign=1'
# 请求数据
r = requests.get(url)
# 将返回的 json 数据转换为 Python 对象
s = r.json()
# 从 Python 对象中按键或下标来索引出数据，如 year 年报
```

```
data = s['data']['records'][0]['year']
# 将数据转换为 DataFrame 进行处理
import pandas as pd
df = pd.DataFrame(data)
# 用 iloc 按下标位置，对列进行调整。
df2 = df.iloc[:,[4,3,2,1,0,5]]
# 将 DataFrame 保存为 Excel 文件。
df2.to_excel(' 年报数据 _600893.xlsx')
Out [7]:
```

其中，data = s['data']['records'][0]['year'] 是将任务 3.2 中对应代码行中的 three 修改为 year，将文件名"季报数据 _600896.xlsx"修改为"年报数据 _600896.xlsx"。

如需中报数据，可将 data 修改为 data = s['data']['records'][0]['middle']，如需月报数据可修改为 data = s['data']['records'][0]['one']。

采集股票 600343（航天动力）的中报信息的代码如下，注意代码中加粗的部分为修改的数据。

```
In[8]:
# 导入 requests 库
import requests
# 设置请求地址，其中的 600343 为股票代码
url = 'http://www.cninfo.com.cn/data20/financialData/' \
      'getIncomeStatement?scode=600343&sign=1'
# 请求数据
r = requests.get(url)
# 将返回的 json 数据转换为 Python 对象
s = r.json()
# 从 Python 对象中按键或下标索引出数据，如 middle 中报
data = s['data']['records'][0]['middle']
# 将数据转换为 DataFrame 进行处理
import pandas as pd
df = pd.DataFrame(data)
# 用 iloc 按下标位置，对列进行调整。
df2 = df.iloc[:,[4,3,2,1,0,5]]
# 将 DataFrame 保存为 Excel 文件。
df2.to_excel(' 中报数据 _600343.xlsx')
Out[8]:
```

通过完成以上三个任务，我们发现很多重复性的工作，只要修改少量的代码即可完成任务，这极大地减少了工作量。

■ 任务拓展

1. 数据可视化

如果仅作为数据采集人员，以上的任务已经完成，但是为了保证项目的完整性，需要

对项目进行一点拓展。在任务 3.2 的基础上，通过 Pandas 库的 DataFrame 数据可视化工具，将采集到的数据进行可视化的操作，代码如下。

```
In[9]:
import matplotlib.pyplot as plt # 导入绘图库
# 解决中文乱码问题
plt.rcParams['font.sans-serif'] = ['Simhei']
fig = plt.figure(figsize=(12,7)) # 设置画布大小为12×7
# 画折线图，x 是 df2 的列中从下标 1 到最后，y 是下标为 0 的行和下标为 1 的列到最后，
# 线的形状为实线加圆点，标签是下标为 0 的行里面的下标为 0 的列
plt.plot(df2.columns[1:],df2.iloc[0,1:],'-o',label=df2.iloc[0,0])
# 画第二条折线图，x 是 df2 的列中从下标 1 到最后，y 是下标为 1 的行和下标为 1 的列到最后，
# 线的形状为实线加圆点，标签是下标为 1 的行里面的下标为 0 的列
plt.plot(df2.columns[1:],df2.iloc[1,1:],'-o',label=df2.iloc[1,0])
plt.legend() # 显示图示
plt.show() # 显示图
```

以上代码输出结果如图 3.13 所示。

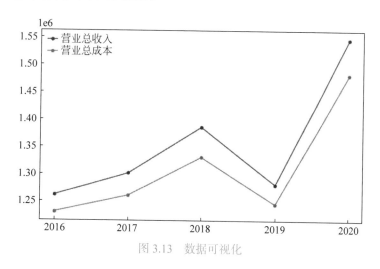

图 3.13　数据可视化

2. 股票价格采集

按照任务 3.2 的方法，可以采集 600893 的股票价格信息，最终代码与注释如下。

```
In[12]:
import requests # 导入 requests 库
import pandas as pd # 导入 pandas 库
# 配置请求地址 url，请求其他股票，仅需要修改最后的股票代码即可
url = 'http://www.cninfo.com.cn/' \
      'data/cube/dailyLine?stockCode=600893'
# 请求地址
r = requests.get(url)
# 解析返回的 json 数据
s = r.json()
```

```
# 将数据提出关键信息, 转换为 DataFrame
df = pd.DataFrame(s['line'],columns=s['valuetype'])
# 将 DataFrame 保存为 Excel 文件。
df.to_excel(' 航发动力 600893.xlsx')
Out[12]:
```

代码虽然简短, 但完成的工作量很大。打开"财经数据"文件夹中的 Excel 文件"航发动力 600893.xlsx", 可以看到, 该股票近几年的价格信息全部被采集到, 其中, TIME 列采用了时间戳日期的格式, 如图 3.14 所示。

	A	B	C	D	E	F	G	H	I	J
1		TIME	OPEN	CLOSE	HIGH	LOW	MONEY	VOL	ZHANGDIEK	ZHANGDIE
2	0	1.47E+12	37.31	36.76	37.56	36.7	3.01E+08	8097384	−0.81	−0.3
3	1	1.47E+12	36.7	36.67	37.28	36.4	2.49E+08	6773684	−0.245	−0.09
4	2	1.47E+12	36.68	37.06	37.07	36.5	2.74E+08	7457973	1.064	0.39
5	3	1.47E+12	37.2	35.63	37.5	35.19	4.65E+08	12808457	−3.859	−1.43
6	4	1.47E+12	35.61	35.97	36.32	35.23	3E+08	8384226	0.954	0.34
7	5	1.47E+12	35.86	35.12	35.86	34.85	2.47E+08	7014401	−2.363	−0.85
8	6	1.47E+12	35.05	34.72	35.3	34.44	1.99E+08	5700579	−1.139	−0.4
9	7	1.47E+12	34.74	35.04	35.07	34.62	1.13E+08	3238437	0.922	0.32
10	8	1.47E+12	34.9	35.25	35.37	34.77	1.53E+08	4360146	0.599	0.21
11	9	1.47E+12	35.24	35.06	35.25	34.73	1.95E+08	5576273	−0.539	−0.19
12	10	1.47E+12	35.06	34.63	35.16	34.55	1.59E+08	4570231	−1.227	−0.43
13	11	1.47E+12	34.63	35.82	36.15	34.21	3.52E+08	9975362	3.436	1.19
14	12	1.47E+12	35.38	35.65	35.73	35.38	1.9E+08	5361465	−0.475	−0.17
15	13	1.47E+12	35.6	35.27	35.85	35.25	1.51E+08	4265333	−1.066	−0.38
16	14	1.47E+12	35.3	34.51	35.37	34.5	2.01E+08	5759787	−2.155	−0.76
17	15	1.47E+12	34.52	35.14	35.5	34.52	1.83E+08	5239014	1.826	0.63
18	16	1.47E+12	35.29	35.78	35.97	35.01	3.17E+08	8887901	1.821	0.64

图 3.14　采集到的股票价格信息

◆ 项 目 总 结 ◆

本项目通过对巨潮资讯网股票财经数据的采集, 讲解了当网站没有开放 API 的情况时, 如何获取通过 XHR 请求, 采集 json 数据的例子, 以及通过对 json 数据的解析, 最终转换为 Excel 文件进行保存。并通过极其简洁的代码, 就实现了该股票近几年所有股票的交易记录, 包含 (OPEN 开盘价)、(CLOSE 收盘价)、(HIGH 最高价)、(LOW 最低价)、(MONEY 总成交金额)、(VOL 成交量) 等信息。在项目拓展部分, 实现了数据的可视化。

通过本项目的学习, 读者能够掌握 Chrome 开发者工具的使用, HTTP 请求数据的获取, 以及 XHR 请求的筛选等重要的知识点。

◆ 项目巩固与提高 ◆

一、填空题

1. 数据采集人员主要关注 HTTP 请求的两个过程_____和_____。

2. 从 Python 对象中索引数据，列表通过_____来索引，字典通过_____来索引。

二、编程题

1. 采集贵州茅台（600519）的财经数据／财务报表，股本股东／十大股东，以上信息均可在股票信息页面中单击左侧导航菜单找到。

2. 在图 3.5 中，我们获取了主要指标、财务报表、同业对比等 API 接口，并采集了财务报表，请根据接口采集其他两个表的信息，然后分析返回 json 的层级结构。

项目4

采集网络个性头像

项目目标

- 解析 HTML 文件，并提取关键信息。
- 掌握 Beautifulsoup 用 CSS 选择器提取数据的技巧。
- 了解正则表达式提取数据的方法。
- 掌握图片采集与文本采集的方法。
- 掌握 MySQL 数据库的安装方法及 pymysql 的使用方法。

前面两个项目中，请求的返回数据都是 json 格式，由于 json 格式的数据可以直接转化成 Python 当中的列表与字典，所以在提取数据时较为简单。但是，在很多情况下，返回数据是 HTML 数据，如何从 HTML 文档中提取数据是本项目主要学习的内容。

项目描述

公司准备建立一个微信、QQ 头像分享网站，要求数据采集人员从网络上采集图片，不仅要求保存图片的名称，还要在数据库中保存图片的路径。当网站建成后，只要导入图片路径数据库，同时上传图片，即可完成图片的调用。

项目实施

（1）用 request 库对 url 地址进行请求，返回 HTML 文本的数据。

（2）用 Beautifulsoup 对 HTML 文件进行解析，掌握 Beautifulsoup 的简单使用。

（3）定位并提取数据，通过 CSS 选择器对采集内容进行定位和提取。掌握 HTML 文档结构和 CSS 选择器，了解正则表达式。

（4）保存图片，使用 Python 中文件读取和保存的方法将图片保持。

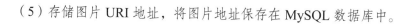

（5）存储图片 URI 地址，将图片地址保存在 MySQL 数据库中。

✎ "1+X" 证书考点

数据采集职业技能等级要求（初级）：

- 熟悉不同互联网应用数据类型。
- 能够使用工具或编写程序获取不同类型互联网数据并进行数据抽取。
- 掌握各类数据文件存储格式，并能使用相关技术将数据保存成不同类型文件。
- 掌握数据之间的关系及分类，能够按照其数据结构保存到数据库。

⚓ 岗位技能要求

- 岗位：数据采集工程师。
- 要求：熟练使用 Python 语言编写数据采集程序，熟悉图片、音频、视频等素材的采集。

☁ 课程思政要求

　　本项目主要内容是图片采集，教师可以结合教学内容，组织学生进行爱国主义教育图片采集比赛，从而引导并教育学生立足时代、扎根人民、深入生活，树立正确的艺术观和创作观。要坚持以美育人、以美化人，积极弘扬中华美育精神，引导学生自觉传承和弘扬中华优秀传统文化，全面提高学生的审美和人文素养，增强文化自信。

知识链接

1. HTML 文本解析器

　　项目 2 讲述了一个 HTTP（hyper text markup language，超文本标记语言）请求的完整生命周期，当向一个网页发起请求（Request），网站最先返回的是一个 HTML 页面，然后 HTML 页面中的 JavaScript 代码开始执行，请求 XHR 数据。项目 3 介绍了 Chrome 浏览器的开发者工具，它可以截获用户向服务器请求的数据，从而获取要采集的信息。

　　在本项目中，我们将学习数据采集的另一种情况，即采集的数据没有通过 API 接口返回，而是包含在 HTML 文本中。这需要通过 HTML 文本解析器、HTML 文本数据进行解析，通常情况下，HTML 文本会被解析为 XML 对象，通过 XML 对象再进一步定位具体的元素。

　　HTML 是一种标记语言，包括一系列标签。通过这些标签可以将网络上的文档格式统一，使分散的 Internet 资源链接为一个逻辑整体。HTML 文本是由 HTML 命令组成的描述性文本，HTML 命令可以说明文字、图形、动画、声音、表格、链接等。

超文本是一种组织信息的方式，它通过超链接方法将文本中的文字、图表与其他信息媒体相关联。这些相互关联的信息媒体可能在同一文件中，也可能是其他文件，或是地理位置相距遥远的某台计算机上的文件。这种组织信息方式将分布在不同位置的信息资源用随机方式进行连接，为人们查找、检索信息提供方便。

简单来讲，我们浏览网页时，其实是从网络上服务器返回 HTML 文本，浏览器对 HTML 文本进行解释，然后呈现给我们。

常用的 HTML 文本解析器有 html.parser、html5lib、lxml 等，Python 中很多库提供了对这些解析器的打包与接口调用，如 lxml、Beautifulsoup 等。

其中 lxml 库使用 XPath 语法来提取 HTML 文档中的对象，Beautifulsoup 提供了使用 CSS 选择器提取文本元素的方法，这也是我们将要学习的重点。

如果读者了解过 CSS，那么学习本项目内容会比较轻松，对于没有基础的读者，我们会利用 Chrome 浏览器的开发者工具减少学习中的障碍。

2. 正则表达式提取 HTML 文档信息

由于 HTML 文件本质上就是一个文本文件，因此也可以不用 HTML 解析器，直接利用正则表达式从文本中提取。这也是绝大多数采集工具软件所采用的方式。

虽然使用正则表达式比较方便，但是代码却不利于维护。个别网页的结构也不适合使用正则表达式，代码较为晦涩难懂。以下通过示例说明使用正则表达式提取信息的方法。

在 D 盘建立文件夹"图片采集"，并在目录中启动 jupyter notebook。新建 Python 3 文件，重命名为"Demo4.1 正则表达式"。

假设请求的网页返回了如下 HTML 文本数据 html_doc，代码如下。

```
In[1]:
html_doc = """
<html><head><title>The Dormouse's story</title></head>
<body>
<p class="title"><b>The Dormouse's story</b></p>
<p class="story">Once upon a time there were three little sisters;
and their names were
<a href="http://example.com/elsie" class="sister" id="link1">Elsie</a>,
<a href="http://example.com/lacie" class="sister" id="link2">Lacie</a> and
<a href="http://example.com/tillie" class="sister" id="link3">Tillie</a>;
and they lived at the bottom of a well.</p>
<p class="story">...</p>
"""
```

该文本数据无须手工输入，可以在本书配套的数字资源中找到，文件路径为"图片采集/Demo4.1 正则表达式.ipynb"。利用正则表达式，可以从长文本字符串中提取网页的 title 数据。

【例 4.1】 使用正则表达式提取 HTML 文档的 title 文本。

```
In[2]:
import re # 导入正则表达式库
r = re.compile('<title>(.*?)</title>') # 定义正则表达式
s = re.search(r,html_doc) # 从字符串中 search ( 搜索 ) 匹配的内容
s.groups()[0] # 从匹配结果中提取字符串
Out[2]:
"The Dormouse's story"
```

部分代码解析如下。

• r = re.compile('<title>(.*?)</title>')

定义正则表达式, 用来在长文本中匹配与之对应的字符串, 含义为: 寻找特征为以 <title> 开头、以 </title> 结尾, 中间是任意个字符的文本。

正则表达式中的 “.” 表示任意字符 (除 \n 外), “*” 表示前面的 “.” 可以是 0 个或多个, “.*” 连起来就表示包含 0 个或多个任意字符的字符串, “.*?” 中的 “?” 表示非贪婪模式, 尽量少地去匹配。

• s = re.search(r,html_doc)

用 re 的 search() 方法在文档中搜索正则表达式所匹配到的文本, re.search() 方法有两个参数, 第 1 个参数表示正则表达式, 第 2 个参数表示要匹配的文本对象。匹配结果会返回一个 Match 对象。

• s.groups()[0]

从匹配到的对象中提取最终的字符串。“s.groups()” 方法可以从匹配到的 Match 对象 s 中, 提取出正则表达式中所有 ( ) 包含的内容, 返回的数据类型是一个元组。可以按下标从元组索引出对象, 代码有一个 (.*?), 括号中 “.*?” 所匹配到的内容就被放入了元组中, 通过元组的下标 0 来索引, 如果正则表达式有第 2 个括号就用下标 1 来索引, 依此类推。

同样, 也可以利用正则表达式的 findall() 方法提取多个元素, 如提取 3 个 a 标签中的链接地址。

【例 4.2】 使用正则表达式提取多个 a 链接的地址。

```
In3]:
import re # 导入正则表达式库
r = re.compile('<a href="(.*?)" class="sister"') # 定义正则表达式
s = re.findall(r,html_doc) # 从字符串中 findall ( 查找所有 ) 匹配的内容
s # 返回的数据类型是一个列表
Out[3]:
```

```
['http://example.com/elsie',
 'http://example.com/lacie',
 'http://example.com/tillie']
```

正则表达式的含义与例 4.2 基本相同，只不过更换了开始和结尾的特征。re.findall() 方法可以从字符串中匹配所有符合特征的字符串。最终将匹配结果放到一个列表当中。

【例 4.3】 使用正则表达式提取多个 "a" 链接中的文本。

```
In[4]:
import re  # 导入正则表达式库
r = re.compile('id="link.*">(.*?)</a>')  # 定义正则表达式
s = re.findall(r,html_doc)  # 从字符串中 findall（查找所有）匹配的内容
s  # 返回的数据类型是一个列表
Out[4]:
['Elsie', 'Lacie', 'Tillie']
```

例 4.3 的代码解析如下。

• r = re.compile('id="link.*">(.*?)</a>')

该正则表达式两次用到了 ".*"，第 1 个 "link.*" 中的 "*" 表示可变，既可以匹配 link1 也可以匹配 link2，第 2 个 (.*?) 中，代表了要提取的内容。查找多个时使用 re.findall() 方法。

通过以上 3 个练习，我们对通过正则表达式从 HTML 文档中提取数据有了一定的了解。由于使用正则表达式提取数据不是本书的核心讲解内容，如需了解更多关于 Python 正则表达式的内容，请参考本书配套数字资源中的官方文档进行学习。

3. CSS 选择器

CSS (cascading style sheet，层叠样式表) 是用户对 HTML 文件的样式进行修饰的一门语言。CSS 主要修改 HTML 文档中元素 (element) 的大小、颜色、位置、交互等。数据采集人员不关心 CSS 的样式，但却可以利用 CSS 定位 HTML 对象的工具去定位要采集的数据。

CSS 选择器，可以用来定位 HTML 中的元素。在设置某个元素样式之前，必须先选择到这个元素，用的就是 CSS 选择器。

用任意一个 HTML 编辑工具，如 notepad++、Dreamweaver 等新建一个文件，保存并命名为 "Demo4.2CSS 选择器 .html"，输入如下 HTML 代码。

```
<!DOCTYPE html>
<html>
<head><title>The Dormouse's story</title></head>
<body>
<p class="title"><b>The Dormouse's story</b></p>
<p class="story">Once upon a time there were three little sisters;
and their names were
```

```
<a href="http://example.com/elsie" class="sister" id="link1">Elsie</a>,
<a href="http://example.com/lacie" class="sister" id="link2">Lacie</a> and
<a href="http://example.com/tillie" class="sister" id="link3">Tillie</a>;
and they lived at the bottom of a well.</p>
</body>
</html>
```

该文本代码保存在本书配套数字资源的"图片采集 /Demo4.2CSS 选择器 .html"文件中。

选择某个 HTML 标签时，用标签选择器，直接输入标签名即可。

1）标签选择器

【例 4.4】 选择所有的 <a> 标签（超链接），更改颜色为红色。

```
<style>
    a {
        color:red;
    }
</style>
```

2）id 选择器

用 id 来选择 HTML 元素时，使用 # + id 名称，如 "#link2"表示 id 为 link2 的元素。id 具有唯一性，只能选择一个元素。

【例 4.5】 选择 id 为 link2 的标签，更改颜色为红色。

```
<style>
    #link2 {
        color:red;
    }
</style>
```

3）class 类选择器

用 class 选择 HTML 元素时，使用 "." + class 名称，如 ".sister"表示所有 class 为 sister 的元素。class 可以一次性选择多个元素。

【例 4.6】 选择所有的 class 为 sister 的标签，更改颜色为红色。

```
<style>
    .sister {
        color:red;
    }
</style>
```

4）后代选择器

HTML 标签具有包含关系，当需要使用父元素限制子元素的范围时，就需要使用后代选择器，后代选择器是一个组合选择器。例如，"p a"中 p 加一个空格再加一个 a，含义为 p 标签中的 a 标签；".title b"的含义为 class（类）名为 title 的元素里面的 b 标签。

【例 4.7】 选择类名为 story 的 <p> 标签中的所有子元素 "<a> 标签"，更改颜色为红色。

```
<style>
    p.story a {
        color:red;
    }
</style>
```

5）相邻兄弟选择器

当通过标签、id 或者 class 已经定位到一个元素后，还可以通过相邻兄弟选择器选择这个元素下一个相邻的兄弟元素，如 "#link1 + a" 含义为选择与 id 为 link1 的元素相邻的下一个元素，即选择了 id 为 link2 的 a 标签。

【例 4.8】 选择 id 为 link1 元素的下一个相邻的兄弟元素，更改颜色为红色。

```
<style>
    #link1 + a {
        color:red;
    }
</style>
```

6）后续兄弟选择器

相邻兄弟只能选择相邻的一个，与相邻兄弟选择器不同的是，后继兄弟可以选择后面的多个，如 "#link~a" 含义为选择 id 为 link1 元素后面所有的兄弟元素，即选择了 id 为 link2 和 id 为 link3 的两个 a 标签。

【例 4.9】 选择 id 为 link1 元素后面所有相邻的兄弟元素，更改颜色为红色。

```
<style>
    #link1~a {
        color:red;
    }
</style>
```

任务 4.1 采集图片数据

有了以上基础知识，我们就可以利用 Beautifulsoup 库对 HTML 文档进行解析，然后通过 CSS 选择器选择我们想要获取内容的元素，最后提取数据就可以了。

步骤 1 请求目标网页。

在项目 4 的文件目录"图片采集"中启动 jupyter notebook，然后新建 Python 3 文件，重命名为"QQ 微信头像采集"，输入如下代码。

```
In[1]:
import requests  # 导入 requests 请求库
from bs4 import BeautifulSoup # 导入 Beautifulsoup 解析库。
```

设置 url 地址，请求数据，输出返回结果，代码如下。

```
In[2]:
url = 'https://www.woyaogexing.com/touxiang/qinglv/2021/1151011.html'
r = requests.get(url)  # 用 get 方法请求 url 地址
r.encoding = 'utf8'  # 对返回结果进行编码，以正确显示中文
r.text  # 打印 html 文本
Out[2]:
'<!DOCTYPE html >\r\n<html >\r\n<head>\r\n<meta http-equiv="Content-
Type" content="text/html; charset=utf-8" />\r\n<title> 我 要 个 性 网 </
title>\r\n<meta name="Description" content=" 此生唯你 甘之如饴 ">\r\n<link
rel="stylesheet" type="text/css" href="/source/css/common.css?1567576618.
css" />\r\n<link rel="stylesheet" type="text/css" href="/source/css/
swipebox.css" />\r\n<script type="text/javascript" charset="utf-8" src=
"/source/js/jquery.1.9.js"></script>\r\n<script type="text/javascript"
charset="utf-8" src="/source/js/ZeroClipboard.js"></script>\r\n<script
type="text/javascript" charset="utf-8" src="/source/js/common.js">
  ...
```

以上代码逐行解析如下

- `import requests`

导入 requests 库，用于发起 HTTP 请求。

- `from bs4 import BeautifulSoup`

导入 Beautifulsoup4 库，用于解析 HTML

- `url = 'https://www.woyaogexing.com/touxiang/qinglv/2021/1151011.html'`

设置要请求的页面，随机找一个喜欢的头像页面，复制网页地址。打开浏览器，从首页进入，然后找一个自己喜欢的页面复制网址，如图 4.1 所示。

- `r = requests.get(url)`

用 requests 库向网页发送请求。

- `r.encoding = 'utf8'`

设置网页的编码为 utf8 格式，这样返回的中文不会乱码。

- `r.text`

打印返回数据的文本。返回结果的数据类型是字符串。

图 4.1　在浏览器中打开网页并复制网站

步骤 2　解析 HTML 文本并定位元素。

由于请求返回的 r.text 是一个文本字符串，所以需要通过工具将其转换为 XML 对象。本书使用的工具为 Beautifulsoup，它可以将返回的 HTML 文本 r.text 解析成 soup 对象。soup 对象是一种 XML 结构，支持通过 CSS 选择器来定位元素。

在分析 HTML 层级结构时，可借助项目 3 中的 Chrome 浏览器的开发者工具，帮助读者对网页元素进行快速定位。

1）打开开发者工具

在浏览器中打开的页面中按快捷键 F12，打开开发者工具，单击选择右侧的 Elements，观察下方的 HTML，已经变成了可折叠或展开的状态，这样就能方便地进行层级结构的分析，如图 4.2 所示。

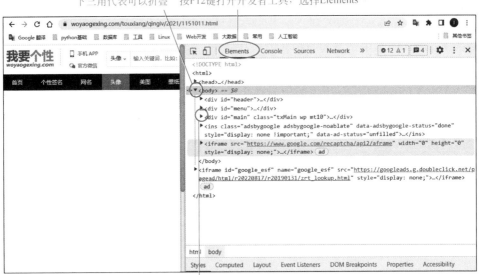

图 4.2　开发者工具 Elements 查看工具

2）用元素选择工具自动定位元素在 HTML 中的具体位置

在右侧单击元素选择工具，当在网页中将鼠标指针移动到目标元素时，在右侧的 Elements 窗口中，元素的 HTML 代码会自动变为高亮状态，如图 4.3 所示。

图 4.3　用元素定位代码位置

单击左边的任意一张图片，将鼠标指针移动到右侧高亮的 HTML 代码，同样可以查看 HTML 代码对应的元素，如图 4.4 所示。

图 4.4　用代码定位元素位置

总的来说，通过开发者工具的 Elements 选项卡，单击元素选择工具，既可以找到网页中图片或者文本对象对应的 HTML 代码在哪里，也可以通过 Elements 窗口中的 HTML 代码找到网页与之对应的对象在哪里。

3）分析并精简 CSS 选择器

有两种方法分析目标对象的 CSS 选择器是什么。

方法 1：直观法。看代码本身，假设我们要采集的图片地址在如下代码中。

```
<li class="tx-img">
    <a href="//img2.woyaogexing.com/2021/07/22/3f310e9af6564808b3a75d6ca3
    39a781!400x400.jpeg" class="swipebox">
        <img class="lazy" src="//img2.woyaogexing.com/2021/07/22/3f310e9af6
        564808b3a75d6ca339a781!400x400.jpeg" width="200" height="200">
    </a>
</li>
```

通过直观观察，img 图片的 class 名为 lazy，上一层元素为 a 标签，class 名为 swipebox，再上一层元素为 li 标签，class 名为 tx-img。

于是，CSS 选择器为 li.tx-img a.swipebox img.lazy，这样写非常精确，但略显烦琐，可进行精简。如去掉标签保留 id 或 class，可以精简为 .tx-img.swipebox.lazy，或者 .tx-img a.lazy 还可以只保留两个写成 .tx-img.lazy。

在实际项目中，要根据情况在精确和精简之间进行选择，原则：当目前的 CSS 选择器除了目标元素之外，还可能选择到其他不相干的元素时，需要精确一些；当 css 选择器已经足以精确定位元素，即不会多选也不会漏选，就尽量精简一些。

方法 2：工具法。使用开发者工具列出的层级结构，即在开发者工具 Elements 选项卡的 HTML 文本下方，列出了目标对象的祖先，也就是按层级包含在哪个里面，如图 4.5 所示。

图 4.5 开发者工具元素层级结构

可以直接进行引用开发者工具列出的层级，然后根据情况进行精简即可。

确定了 css 选择器后，通过 soup 对象的 select 方法，将文本中的对象提取出来。select 方法是 Beautifulsoup 中用于调用 css 选择器定位元素的方法，会将定位到的所有元素返回到一个列表中。具体代码如下。

```
In[3]:
soup = BeautifulSoup(r.text,'lxml') # 将 html 文本通过 lxml 解析器解析为 soup 对象
data = soup.select('.tx-img .lazy') # 通过 soup 对象的 select 方法用 css 选择
器提取数据
data # 打印 data，是一个列表，包含了 css 选择定位到的所有元素
Out[3]:
[<img class="lazy" height="200" src="//img2.woyaogexing.com/2021/07/22/
a436f5a9c6de4110b2803d8dd557ef2d!400x400.jpeg" width="200"/>,
 <img class="lazy" height="200" src="//img2.woyaogexing.com/2021/07/22/
3f310e9af6564808b3a75d6ca339a781!400x400.jpeg" width="200"/>,
 ...
```

以上代码解析如下。

• soup = BeautifulSoup(r.text,'lxml')

将网页返回的 HTML 文本 r.text, 用 Beautifulsoup 进行解析，解析的引擎（解析器）为 lxml。

• data = soup.select('.tx-img .lazy')

使用 soup 对象的 select 方法，来用 CSS 选择器定位元素，CSS 选择器为前面分析得到的 '.tx-img.lazy'。

• data

输出 data，发现我们需要采集的元素，所有的图片对象已经全部得到，并将其放入了一个列表当中。

步骤 3　从 element（元素）中提取属性。

此时，要注意一个问题，刚才输出 data 的结果，是一个列表，列表当中包含了多个 element 对象。此时的 HTML 文本已经不是一个字符串对象，而是被解析成一个 soup 对象。soup 对象中包含了很多 element 对象。

element 对象本质上是一个 XML 对象，从 element 对象中可以提取对象的属性值，使用属性名如 ['class'] 即可。

例如，提取 data 列表中第一个 Element 对象（下标为 0）的 class 属性。

```
In[4]:
# 提取 data 列表中第一个 Element 对象（下标为 0）的 class 属性。
data[0]['class']
Out[4]:
['lazy']
```

再如，取 data 列表中第一个 Element 对象（下标为 0）的 height 属性。

```
In[5]:
# 提取 data 列表中第一个 Element 对象（下标为 0）的 height 属性。
data[0]['height']
Out[5]:
'200'
```

本项目中，要下载图片，所以需要的是 Element 对象的 src（图片路径）属性。

```
In[6]:
src = data[0]['src']
src = "http:" + src
src
Out[6]:
'http://img2.woyaogexing.com/2021/07/22/a436f5a9c6de4110b2803d8dd557ef
2d!400x400.jpeg'
```

提取到的地址缺少了 url 地址前面的"http:"，需要将 url 地址进行补齐。自此，已经提取出图片的 url 地址。

步骤 4　请求图片地址，下载保存图片。

由于请求到的 data 是一个列表，当要下载所有图片时，需对遍历列表，遍历时提取图片地址，再一次请求图片地址，最后保存图片。代码如下。

```
In[7]:
for d in data: # 遍历 data 列表
    src = d['src'] # 提取图片的 src 属性，也就是图片地址
    src = "http:" + src # 用 http 补全地址
    r = requests.get(src) # 再次请求图片地址
    with open(src.split('/')[-1],'wb') as f: # 将返回的二进制图片写入文件
        f.write(r.content)
```

以上代码解析如下：

前三行，遍历列表 data，然后从列表中 Element 对象中获取 src。

• r = requests.get(src)

请求图片地址 src。

• with open(src.split('/')[-1],'wb') as f:

用 with open() as 方法打开一个文件，准备保存图片。

• src.split('/')[-1]

表示按照"/"将 src 字符串分割成列表，然后取最后一个元素作为文件名，也就是把变量"src"的值 http://img2.woyaogexing.com/2021/07/22/3f310e9af6564808b3a75d6ca339a7 81!400x400.jpeg 分割成一个列表。代码中的"−1"表示列表的最后一个对象，也就是要保存的文件名。

- `'wb'`

代表文件的读取与写入模式，其中"w"表示写入模式，"b"表示二进制模式（图片是二进制数据）。

- `f.write(r.content)`

将请求返回的二进制数据写入文件 f。

注意：如果请求返回的是 json 数据，用 r.json() 方法获取；如果返回的是 HTML 文本，用 r.text 属性获取；如果返回的是图片或者视频等二进制数据，用 r.content 属性获取。

运行代码后，打开当前文件目录 D 盘"图片采集"，图片已经被保存，如图 4.6 所示，双击任意一张图片打开，图片正常显示，如图 4.7 所示。

图 4.6 图片被批量保存

图 4.7 图片正常显示

步骤 5　代码整理与注释

最后将代码整理并注释后如下。

```
In[1]:
import requests # 导入 HTTP 请求库，requests
from bs4 import BeautifulSoup # 导入 HTML 文档解析库 Beautifulsoup4
# 设置网页地址
url = 'https://www.woyaogexing.com/touxiang/qinglv/2021/1151011.html'
r = requests.get(url) # 请求网页
r.encoding = 'utf8' # 设置网页编码为 utf8 格式，可以正确识别中文
soup = BeautifulSoup(r.text,'lxml') # 将返回的 HTML 文本 r.text 解析成 soup
对象
data = soup.select('.tx-img .lazy') # 用 soup 对象的 select 方法使用 CSS 选择
器选择数据
for d in data: # 遍历列表，列表中对象为 Element 对象
    src = d['src'] # 从 Element 对象中提取属性 src，获得图片地址
    src = "http:" + src # src 不完整，缺少 http:，补全
    r = requests.get(src) # 请求图片
    with open(src.split('/')[-1],'wb') as f: # 用图片原来的文件名进行保存
        f.write(r.content) # 将返回数据 r.content（二进制数据），写入图片文件
```

以上代码共发起了两次请求，第一次请求返回了 HTML 文本，用 Beautifulsoup 解析后，获取了所有的图片对象。从图片对象中获取到 src 图片路径信息后，发起了第二次请求，将请求结果返回的二进制信息存储到图片文件中。

任务 4.2　二进制数据的存储

任务 4.1 完成了图片采集，但图片路径必须保存在数据库中，这样做有两个作用：一是便于统计；二是方便后期在做网站时进行图片调用。

由于图片路径信息是一个结构化的数据，因此一般保存在结构化的数据库中。本书选择免费的 MySQL 5.7 社区版保存图片路径。

MySQL 是一款安全、跨平台、高效的，并与 Python、Java 等主流编程语言紧密结合的数据库系统。该数据库系统由瑞典的 MySQL AB 公司开发、发布并支持。

目前 MySQL 被广泛应用在 Internet 上的中小型网站中。由于其体积小、速度快、总体拥有成本低，尤其是开放源码这一特点，很多公司都采用 MySQL 数据库以降低成本。

2008 年，MySQL 被 Oracle 公司收购，后推出企业版收费版本，目前最新版本为 8.0，使用最广泛的版本是 5.7。因用户担心 MySQL 有闭源的风险，所以目前 MySQL 分支 MariaDB 比较流行。MariaDB 由开源社区维护，目的是完全兼容 MySQL。

步骤 1　安装 MySQL 数据库。

打开本书配套的数字资源包"图片采集 / 数字资源 .txt"里提供的 MySQL 5.7 安装

版的官方网页，在下拉框中选择"Microsoft Windows"选项，单击"Windows（x86，32-bit），MSI Install"右侧的 Download 按钮，开始下载安装包，如图 4.8 所示。

图 4.8　MySQL 5.7 免费版下载页面

单击后会跳转到注册登录的页面，不需要登录，单击链接"No thanks, just start my download."直接开始下载，如图 4.9 所示。

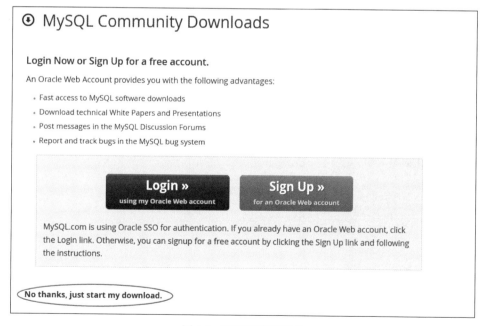

图 4.9　不登录直接下载

下载完成后，双击打开下载的安装包"mysql-installer-community-5.7.34.0.msi"。在选择安装类型界面中选择 Custom 单选按钮，然后单击 Next 按钮，如图 4.10 所示。

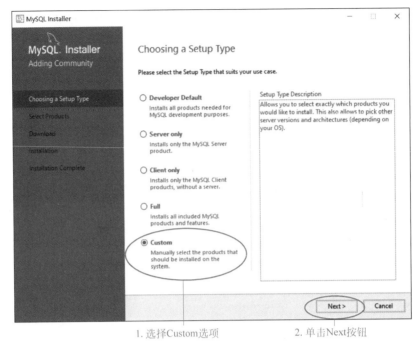

1. 选择Custom选项　　　　　　2. 单击Next按钮

图 4.10　选择安装类型

进入选择产品页面中，先单击 MySQL Servers 前面的 + 号展开下一级，再依次展开 MySQL Server / MySQL Server 5.7，最终单击选择 MySQL Server 5.7.X X64。选中后，单击中间向右的箭头，将产品移动到准备安装的产品列表中，如图 4.11 所示。

1.单击选择　　2.单击绿色箭头

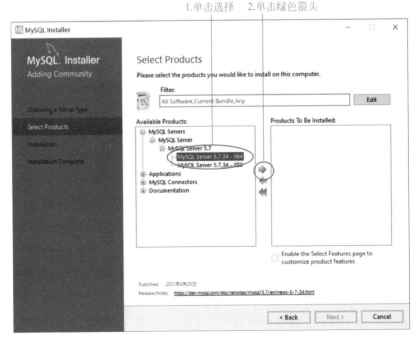

图 4.11　选择产品

移动完成后，左侧的 MySQL Server 变为灰色不可选状态，如果选择错误，还可以选择单击右侧的产品，再次单击选择绿色的左箭头进行移除。单击选中右侧准备安装的产品列表，会出现 Advanced options 的选项，即高级设置选项。单击 Advanced options 可以进行安装目录的选择，直接使用默认位置即可，如图 4.12 所示。

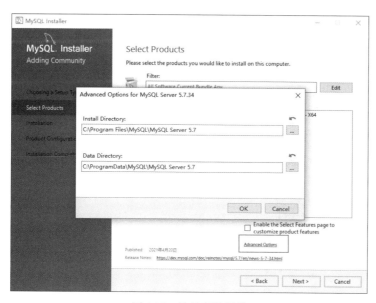

图 4.12　选择安装目录

如果这一步提示目录已经存在，删除目标安装目录或更改安装路径即可，单击 Next 按钮，进入 Download 页面。单击 Execute 按钮开始执行下载，如图 4.13 所示。由于前面已经下载了完整安装包，故执行下载过程会很快完成。

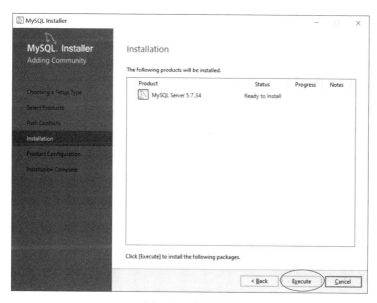

图 4.13　执行下载

当下载完成后，单击 Next 按钮，进入下一步，如图 4.14 所示。

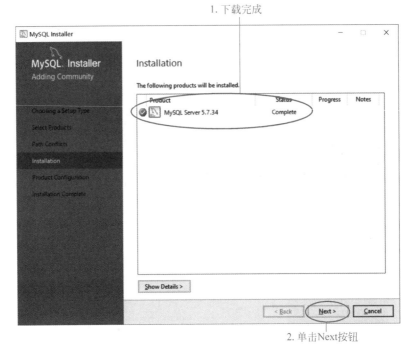

图 4.14　下载完成

进入安装页面，状态（Status）为 Ready to Install，表示已经准备好安装，单击下方的 Execute 按钮开始安装，如图 4.15 所示。

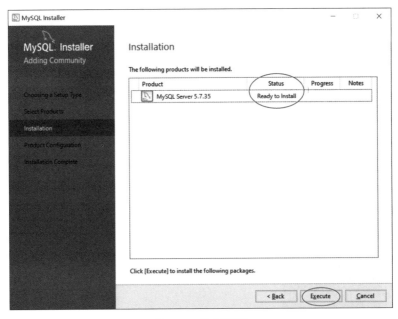

图 4.15　执行安装

安装过程会很快完成,当 Status 变为 Complete,出现绿色对钩,说明安装成功。单击 Next 按钮,进入下一步,如图 4.16 所示。

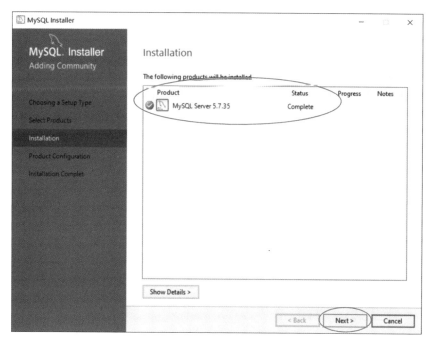

图 4.16 安装完成

进入产品设置页面,直接单击 Next 按钮,进入下一步,如图 4.17 所示。

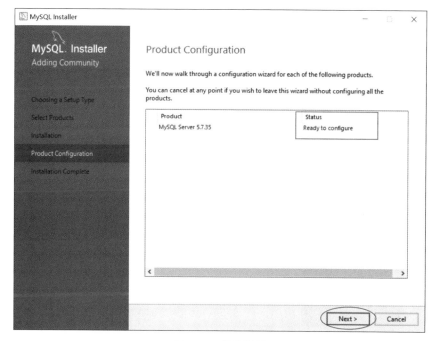

图 4.17 产品设置

进入产品设置详情页，进行类型页面配置。在 Config type 下拉列表中单击选择 Server Computer 选项，表示服务器计算机，其他选项均默认。然后单击 Next 按钮，进入下一步，如图 4.18 所示。

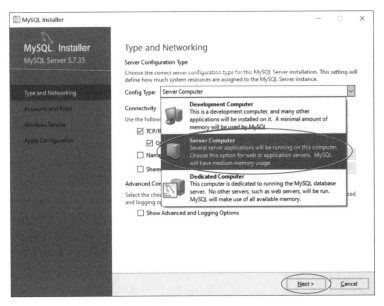

图 4.18　配置类型

进入账户和角色设置页面，在学习阶段，建议统一密码，方便后期记忆，这里设置密码为 cpvs2022。在实际工作中，密码设置必须要烦琐一些，可以用字母＋数字＋符号的组合，如图 4.19 所示。

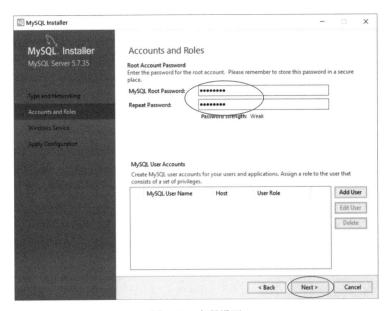

图 4.19　密码设置

在 Windows Service 页面，所有的配置均默认即可，这一步的作用是将 MySQL Server 配置为 Windows 的系统服务。直接单击 Next 按钮，进入下一步，如图 4.20 所示。

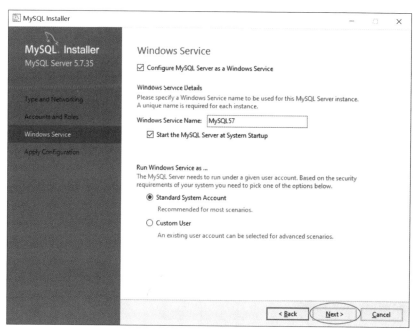

图 4.20　系统服务

进入应用配置页面，单击 Execute 按钮，开始执行所有的安装，如图 4.21 所示。

图 4.21　应用配置

当所有的选项都变为绿色对钩后，出现 Successful 字样，表示安装成功。单击 Finish 按钮，完成安装，如图 4.22 所示。

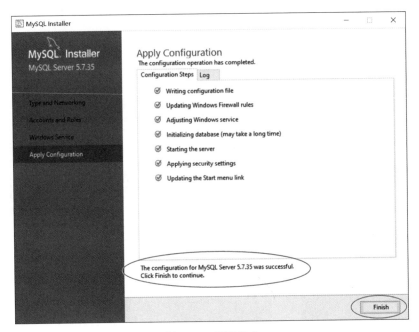

图 4.22　安装完成

安装完成，单击 Finish 按钮后，会返回安装主界面，返回到 Product Configuration 页面，如图 4.23 所示，此时单击 Next 按钮，进入下一步。

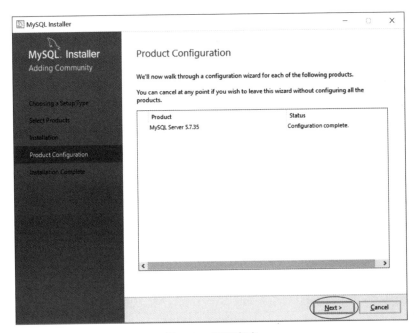

图 4.23　配置完成

最后，所有步骤安装完成，单击 Finish 按钮，完成所有步骤，如图 4.24 所示。

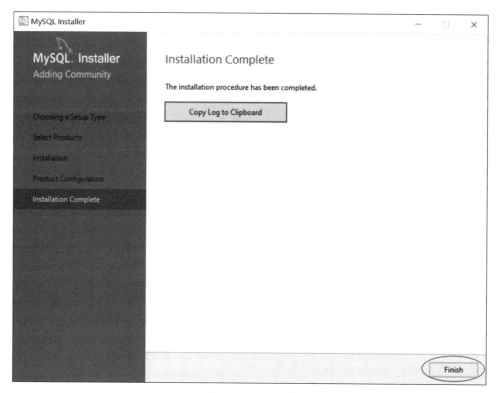

图 4.24 结束安装

至此，所有步骤安装完成。如果在安装过程中出现无法安装系统服务等问题，请参考项目 1 中的常见问题与解决方案，用 Administrator 用户登录后再继续安装。

最后，打开 cmd 命令提示符窗口，输入 mysql -V，查看一下 MySQL 是否安装成功。出现版本号，即代表安装成功，如图 4.25 所示。

图 4.25 检查版本

在命令提示符窗口中，输入 mysql - uroot - pcpvs2022，然后回车执行，可以进入 MySQL 的命令行工具，出现 mysql>，在 > 后面输入 MySQL 的命令就可以执行，如图 4.26 所示。

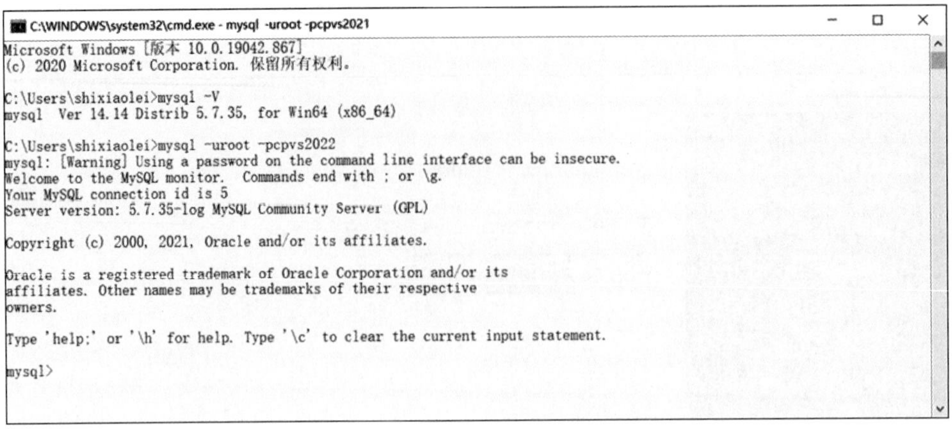

图 4.26　MySQL 命令行工具

在 MySQL 命令行工具中输入如下命令新建数据库 images，用于后面的图片路径存储。

```
CREATE DATABASE 'images' CHARACTER SET utf8 COLLATE utf8_general_ci;
```

命令提示符窗口执行效果如图 4.27 所示，会提示"Query OK，1 row affected(0.00 sec)"，表示执行成功。

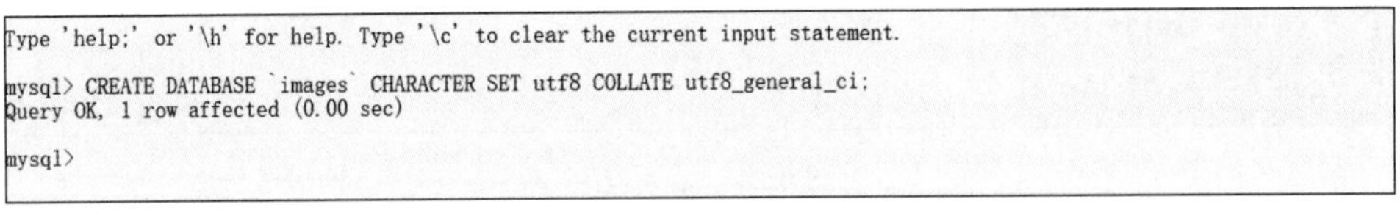

图 4.27　新建数据库

在命令提示符窗口的 MySQL 命令行工具中，输入命令 use images；进入 images 数据库，输入如下命令新建表 urls。

```
CREATE TABLE 'urls' (
    'id'  int UNSIGNED NOT NULL AUTO_INCREMENT ,
    'url'  varchar(255) NOT NULL ,
    PRIMARY Key ('id')
);
```

命令执行后，出现提示"Query OK，0 rows affected(0.03 sec)"，表示执行成功，如图 4.28 所示。

图 4.28　新建表

步骤 2　安装 pymysql 库。

MySQL 已经安装和配置完成，在 Python 中调用 MySQL，可以使用 pymysql 库或 mysqlclient，这两个库是同一个作者，前者使用简单一些，后者性能高一些。本书使用 pymysql 进行连接。

用管理员模式打开命令提示符。输入命令 conda install pymysql，在出现 "Proceed ([y]/n)?" 时输入 y 后回车，如图 4.29 所示。

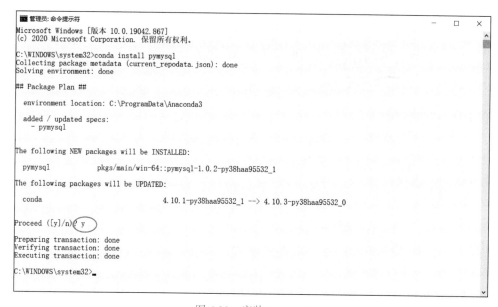

图 4.29　安装 pymysql

步骤 3　Python 中调用 pymysql 库连接 MySQL 数据库。

连接 MySQL 之前，必须先在 MySQL 中建立好数据库，该步骤已经在步骤 1 中通过 MySQL 的命令行工具建立完成。建立数据库也可以通过可视化的工具如 Navicat for MySQL 或 SQLyog 完成，以上两个工具的下载地址在本书配套的数字资源 "图片采集 / 数字资源 .txt" 文件中，软件安装包在 "软件安装包" 文件夹中。

首先，通过 pymysql 的 connect() 方法建立一个连接 db。然后，通过 db 对象的 cursor() 方法建立一个游标对象 cousor。最后，通过该游标对象执行 SQL 查询命令，如插入数据、更新数据、查找数据等。

例如，连接本地数据库 images，用户名为 root，密码为 cpvs2022。然后，在数据表 urls 中插入一条数据，在 jupyter notebook 中打开前面建立的文件 "QQ 微信头像采集"，输入如下代码。

```
In[1]:
import pymysql  # 导入 pymysql 库
# 连接数据库 ( 请求的地址 , 用户名 , 密码 , 数据库 )
```

```
db = pymysql.connect(host="localhost", user="root",
                     password="cpvs2022", database="images")
cursor = db.cursor()  # 建立一个游标对象
for d in data:
    src = d['src']  # 从 Element 对象中提取属性 src，获得图片地址
    src = src.split('/')[-1]  # 提取文件名
    # 构建 SQL 语句
    sql = "INSERT INTO 'urls' ('url') VALUES ('{}');".format(src)
    cursor.execute(sql)  # 执行 SQL 语句
db.commit()  # 提交所有更改，在进行插入，修改操作时要执行 db.commit()
cursor.close()  # 关闭游标
db.close()  # 关闭数据库连接
```

以上部分代码解析如下：

- db = pymysql.connect(host="localhost", user="root",password="cpvs2022", database = "images")

首先，通过 pymysql 的 connect() 方法连接 MySQL 数据库。连接的地址是本机，也就是 localhost，也可以输入 IP 地址，如本机就是 127.0.0.1，连接远程的服务器输入服务器公网 IP 即可。连接成功后返回一个 connect 对象 db。

- cursor = db.cursor()

通过 db 的 cursor() 方法建立一个游标对象 cursor，可以把游标对象理解为一个指针，通过游标对象去执行 SQL 语句。

- cursor.execute(sql)

游标对象可以执行的 SQL 语句，包括对表的所有操作新建、删除表，增删改查数据等。

- db.commit()

在进行增删改操作时，执行完游标语句后，需要在 db 对象执行 commit() 提交操作，才能真正地执行。

- db.close()

当所有的操作完成后，要关闭游标对象和数据库连接对象，这样会节省计算机的资源。

至此，图片路径被成功保存到 MySQL 数据库中，在 MySQL 命令提示符窗口中输入命令：select * from urls; 查看一下保存的数据，如图 4.30 所示。

```
mysql> select * from urls;
+----+----------------------------------------------+
| id | url                                          |
+----+----------------------------------------------+
| 33 | a436f5a9c6de4110b2803d8dd557ef2d!400x400. jpeg |
| 34 | 3f310e9af6564808b3a75d6ca339a781!400x400. jpeg |
| 35 | 9ea590dd03da4e2697840fd37672aacb!400x400. jpeg |
| 36 | 3e7bd440ca6b4d2a87e1c60e8a138fa6!400x400. jpeg |
| 37 | 3dbf347898a5465eb527fa7443611ec9!400x400. jpg |
| 38 | d9911f97355b41af9fc14cf469095f9b!400x400. jpg |
| 39 | 699a1d3c01aa4e55b27f4c6da0dbb759!400x400. jpg |
| 40 | eb351e4334f7448499600451a3392fca!400x400. jpg |
| 41 | 4b8d254875eb42c6a935310ccccecdc7!400x400. jpg |
| 42 | d614cbec2e8t4cUeb9e3bc9dd1669056!400x400. jpg |
| 43 | 8148471709524cb08ba33712d4b693e9!400x400. jpg |
| 44 | f2f01ab4a8a54f67b99582423eced136!400x400. jpg |
| 45 | 8e9c15b033a848d8b3a7ad780f0821bd!400x400. jpg |
| 46 | d6c2b1fce64c48a79b1035069e461e9d!400x400. jpg |
| 47 | d0b406a74cc444fdb3aae6099535cb02!400x400. jpg |
| 48 | 3c66339eac2144658a985f4ce255f8a4!400x400. jpg |
+----+----------------------------------------------+
16 rows in set (0.01 sec)

mysql>
```

图 4.30　查看保存的数据

在 MySQL 的命令行工具中，输入 quit，然后回车，退出命令行工具，如图 4.31 所示。

```
mysql> quit
Bye

C:\Users\shixiaolei>
```

图 4.31　退出 MySQL 命令行工具

■ 任务拓展

本项目任务已经完成，但在使用 HTML 文档解析工具 Beautifulsoup4 时，并没有涉及文本内容的提取，仅提取了 Element 对象的属性。接下来做一个拓展练习，学习一下文本提取的相关知识。

拓展项目目标：采集北京市昌平职业学校网站学校快讯的所有新闻，目标网址为北京市昌平职业学校官方网站首页。

步骤 1　打开目标网址分析网页结构。

用 Chrome 浏览器打开北京市昌平职业学校官方网页。按 F12 键打开开发者工具，在右侧窗口选择 Element，用元素选择工具单击左侧新闻列表中的任意一条新闻。右侧窗口中对应的 Element 元素就会高亮显示，同时在下方会显示元素的层级结构，如图 4.32 所示。

从下方层级结构中选择特征明显的标签，然后移动鼠标观察左侧的网页。当鼠标指针移动到 td.tab_b 时，发现左侧的高亮区域正好覆盖了我们需要的所有内容。于是我们得到了目标对象的 CSS 选择器 td.tab_b a，含义为 class 类名为 tab_b 这个标签中的所有 a 标签，如图 4.33 所示。

4. 单击新闻列表中的任意一条新闻　　　3. 单击元素选择工具　　2. 右侧窗口选择Element　　1. 按F12键打开开发者工具

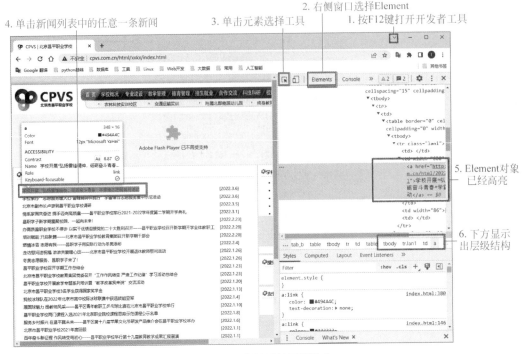

图 4.32　分析目标网页结构

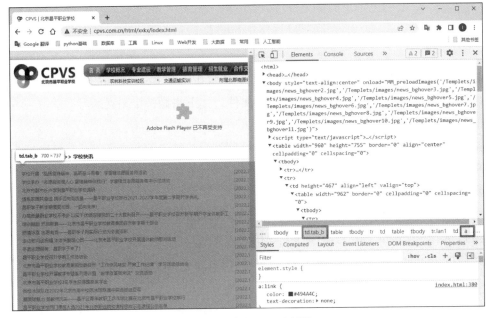

图 4.33　确定 CSS 选择器

复制网页的地址，准备编写代码。

步骤 2　请求网页、解析 HTML、提取元素。

在 jupyter notebook 中新建文件，重命名为"昌平职中快讯"。输入代码如下。

```
In [1]:
import requests  # 导入 HTTP 请求库 requests
from bs4 import BeautifulSoup  # 导入 HTML 文本解析器
# 设置 url
url = 'http://www.cpvs.com.cn/html/xxkx/index.html'
r = requests.get(url)  # 请求目标网页
r.encoding = 'utf8'  # 设置编码为 utf8, 正确读取中文。
soup = BeautifulSoup(r.text,'lxml')  # 将返回的 HTML 文本解析为 soup
data = soup.select('td.tab_b a')  # 用 CSS 选择器选择元素
data  # 打印 data, 是一个列表, 包含了所有找到的 Element 对象

Out [1]:
[<a href="http://www.cpvs.com.cn/html/2021-06/2887.html">北京市昌平职业
学校承办京郊职成教联盟课程思政研究课教研活动 </a>,
    <a href="http://www.cpvs.com.cn/html/2021-06/2886.html">立德树人: 教师的
使命和智慧——北京市昌平职业学校教育集团党委组织 2021 年 6 月份教职工政治理论学习 </a>,
    <a href="http://www.cpvs.com.cn/html/2021-06/2885.html">北京市昌平职业
学校教育集团党委组织党员赴狼儿峪红色党建教育基地开展主题党日活动 </a>,
    <a href="http://www.cpvs.com.cn/html/2021-06/2884.html">昌平职业学校迎
接北京市职教特高项目阶段评估实地考察指导 </a>,
    ...
]
```

当打印 data 时，发现所有需要的新闻都已经被找到。

步骤 3　从 Element 对象中提取文本。

从 Element 对象提取文本，用 Element 对象的 get_text() 方法。例如，提取列表中第 1 个（下标为 0）元素的文本，代码如下。

```
In[1]:
data[0].get_text()
Out[1]:
'北京市昌平职业学校承办京郊职成教联盟课程思政研究课教研活动'
```

遍历 data，打印所有快讯的文本。

```
In[1]:
for d in data:
    print(d.get_text())
Out[1]:
北京市昌平职业学校承办京郊职成教联盟课程思政研究课教研活动
立德树人: 教师的使命和智慧——北京市昌平职业学校教育集团党委组织 2021 年 6 月份教职
工政治理论学习
北京市昌平职业学校教育集团党委组织党员赴狼儿峪红色党建教育基地开展主题党日活动
昌平职业学校迎接北京市职教特高项目阶段评估实地考察指导
...
```

通过这个简单的拓展练习，我们学习了从 Element 对象中提取文本的方法，如果想进一步提取新闻的内容，只需要提取 a 标签的 href 属性，再次请求网址，从第二次请求返回的 HTML 文档中提取新闻内容即可。这里将过程省略，最终完整代码如下。

```
In[1]:
import requests # 导入 HTTP 请求库 requests
from bs4 import BeautifulSoup # 导入 HTML 文本解析器
# 设置 url
url = 'http://www.cpvs.com.cn/html/xxkx/index.html'
r = requests.get(url) # 请求目标网页
r.encoding = 'utf8' # 设置编码为 utf8，正确读取中文。
soup = BeautifulSoup(r.text,'lxml') # 将返回的 HTML 文本解析为 soup
data = soup.select('td.tab_b a') # 用 CSS 选择器选择元素
for d in data[:-6]: # 遍历是去掉最后 6 项，最后 6 项是翻页的 a 标签
    href = d['href']
    r = requests.get(href) # 请求新闻的详细内容页面
    r.encoding = 'utf8' # 设置编码为 utf8，正确读取中文。
    soup = BeautifulSoup(r.text,'lxml') # 将返回的 HTML 文本解析为 soup
    title = soup.select('.newstitle h3')[0].get_text() # 用 CSS 选择器选
择新闻标题
    news = soup.select('.content')[0].get_text() # 用 CSS 选择器选择新闻内容
    print(title)
    print(news)
```

```
Out[1]:
北京市昌平职业学校承办京郊职成教联盟课程思政研究课教研活动
6 月 18 日上午，京郊职成教联盟课程思政研究课教研活动在昌平职业学校举行。本次活动由北京市职业技术教育学会京郊职成教联盟主办，昌平职业学校作为牵头校承办。
学校推出 10 节课程思政主题研究课，北京市教育科学研究院职教所梁燕、古燕莹，北京经济管理职业学院工程技术学院副院长贾颖绚、旅游管理专业副教授王杨，北京青年政治学院人文中心主任张靖华，北京财贸职业学院教师张璐，北京联合大学机器人学院副院长杜煜等担任评课专家，京郊职成教联盟秘书长、昌平区职成教研室主任尚国荣主持活动。京郊职成教联盟校领导及相关教师 28 人参加教研活动。
10 节研究课涵盖文化课和专业课，由李小虎、岳楠、李子芸、李悦、田莉、李典、冀署东、王姿、熊慧颖、晁慧娟等 10 位教师实施教学，充分挖掘社会主义核心价值观、工匠精神等思政元素，教学内容与专业结合，与学生身边的案例结合，发挥了课程思政育人功能。
听课专家分为 4 组，深入课堂，课后分别与授课教师进行了一对一的评课，从教学设计、教学环节的实施、教学评价以及思政点的融入情况等方面都进行了细致点评。
……
```

◆ 项 目 总 结 ◆

本项目内容主要是对 HTML 文档的解析。通过 Beautifulsoup 库，可以将 HTML 文档解析成 soup 对象。soup 对象的 select 方法可以使用 CSS 选择器定位 element（元素），

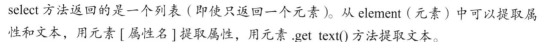

select 方法返回的是一个列表（即使只返回一个元素）。从 element（元素）中可以提取属性和文本，用元素 [属性名] 提取属性，用元素 .get_text() 方法提取文本。

通常，我们会先请求列表页，也就是包含多张图片或者多篇文章的页面。

请求图片列表页，会先获取图片（img）的 src 属性。src 属性包含了图片的地址，如果地址是完整的，直接请求即可；如果不完整，如缺少 "http:"，或缺少网站地址，只有相对路径等，都需要补充完整后再请求。请求图片地址，返回的数据是二进制数据，要用到 requests 对象 r 的 content 属性。

请求新闻列表页，会先获取新闻超链接（a）的 href 属性，同样对 href 的属性补充完整后再次请求，然后从目标网页中获取新闻标题与内容。

本项目还重点讲解了 MySQL 数据库的安装、pymysql 库的使用。当采集到的数据是结构化的数据时，也就是数据完整，没有缺失值、异常值等，可以将数据存入 MySQL。pymysql 使用方法比较固定，通常需要变动的地方只有 SQL 语句。

通过本项目的学习，读者可以掌握图片下载和文本提取方法。对于 Beautifulsoup 库，仅需要掌握其 select 方法，利用 CSS 选择器就可以解决几乎所有的问题。读者要学会使用 Chrome 浏览器的开发者工具，来获取 HTML 文档的 CSS 选择器的方法，灵活使用工具才能事半功倍。

◆ 项目巩固与提高 ◆

一、填空题

1. 当请求返回的是 json 数据时，用 response 对象的_____方法获取，当返回数据时 HTML 文本时用 response 对象的_____属性获取，当返回数据是二进制数据时用 response 对象的_____属性获取。

2. 用 CSS 选择器获取 id 为 header 的元素，CSS 选择器写作_____。

3. 用 pymysql 建立数据库连接时使用 pymysql.connect() 方法，该方法有四个参数，分别是_____、_____、_____、_____。

二、简答题

列举书中讲解的所有 CSS 选择器与用法。

三、编程题

采集站长素材图片站的图片，找一个你感兴趣的频道，保存的图片名称要与原网站的图片标题一致。

四、拓展题

将项目 4 中项目拓展中采集到的新闻快讯文本保存到 MySQL 数据库。

项目5

获取全国主要城市未来5天的天气情况

 项目目标

- 对于有权限要求 API 的请求方式。
- 掌握数据的合并方法。
- 掌握数据的更新方法。

前面的项目中，我们掌握了请求开放 API 的方法，也掌握了通过截获 XHR 请求数据得到 API 的方法。实际开发过程中，还有另外一种 API，如天气预报 API，需要付费或者提交使用申请后，获得权限的用户才能对 API 请求数据，否则请求会被拒绝。

大多数情况下，对于用户权限的认证，是通过 Key（密钥）来鉴权。Key 也分等级，不同类型的 Key 在请求频率、请求数量、请求范围上的权限不同。

项目描述

假设读者在政府部门工作，某地区发生了洪灾，领导非常关心该地区洪灾的情况，每天都要看天气预报。领导想对比一下该地区和全国主要城市的天气。为此，领导每天在查询天气上花费的时间特别多，于是要求技术人员，能否通过技术手段快速查询未来 5 天全国主要城市的天气情况，并把本地的天气与周边城市的天气进行对比，如果发现异常，能及时预警。

项目实施

（1）在数据网站申请 API 接口，获取 Key 密钥。掌握 API 接口的基本概念。

（2）用 request 库对 API 进行请求，同时附加参数，如 Key、城市等。

（3）对返回的 json 数据进行结构分析，提取数据将 json 字符串转换为 Python 对象，提取出数据后用 pandas 进行处理。

（4）数据对比分析，通过 pandas 对数据进行简单的分析。

"1+X" 证书考点

数据采集职业技能等级要求（初级）：

- 熟悉不同互联网应用数据类型。
- 能够使用工具或编写程序获取不同类型互联网数据并进行数据抽取。
- 掌握各类数据文件存储格式，并能使用相关技术将数据保存成不同类型文件。
- 掌握数据之间的关系及分类，能够按照其数据结构保存到数据库。

岗位技能要求

- 岗位：数据采集工程师。
- 要求：熟练使用 Python 语言编写数据采集程序，了解 pandas 数据处理与分析。

课程思政要求

本项目主要内容是对天气信息进行采集。在教学过程中，教师要结合时事，宣传中国共产党党员和解放军官兵在面对极端自然灾害时表现出的奉献精神。引导学生深入社会实践、关注现实问题，培养学生爱国、敬业的社会主义核心价值观。

任务 5.1 申请 API 接口

国内提供天气预报 API 的网站很多，其中，聚合数据是稳定性较好、速度较快且正规合法的数据采集源。该网站提供免费的天气预报 API，申请 Key 以后，每天可免费调用接口 10 次。

步骤 1 注册聚合数据网站的账号。

登录聚合数据官网并注册，注册过程需要用户进行实名认证，并提供手机、身份证号等信息，请读者提前准备好。

步骤 2 登录网站进入个人中心，申请新数据。

单击网站右上角的登录按钮登录，登录后单击网址右上角的"个人中心"按钮，进入个人中心。单击左侧菜单中"数据中心"→"我的 API"，在右侧窗口中单击"申请新数据"按钮。如图 5.1 所示。

图 5.1 个人中心

步骤 3 申请天气预报应用。

在申请数据页面，单击导航菜单中的"应用开发"→"73_天气预报"选项，然后单击"申请"按钮，在弹出的对话框中，勾选下方"我已阅读并同意"复选框，然后单击"立即申请"按钮，如图 5.2 所示。

1. 单击数据中心/我的API菜单

2. 单击应用开发菜单　　　　　　　　　　　3. 单击申请按钮

图 5.2 申请数据

申请完成后，回到"我的 API"页面，我们申请的"天气预报"API 已经出现在列表中，且得到了一个 Key，如图 5.3 所示。

图 5.3 申请成功得到 Key

成功申请到 Key 后，再请求数据时，附加 Key 的值，就会获得相应的权限。

任务 5.2 采集天气数据

步骤 1 查看接口文档。

API 通常都会提供接口文档，在"我的 API"页面打开天气预报页面。可以查看接口文档和使用接口测试工具进行测试，如图 5.4 所示。

API文档	错误码参照	示例代码	联系我们

- **根据城市查询天气**　　**接口地址：** http://apis.juhe.cn/simpleWeather/query
- 根据城市查询生活指数　　**返回格式：** json
- 天气种类列表　　　　　　**请求方式：** http get/post
- 支持城市列表　　　　　　**请求示例：** http://apis.juhe.cn/simpleWeather/query?city=%E8%8B%8F%E5%B7%9E&key=
　　　　　　　　　　　　　　接口备注： 通过城市名称或城市ID查询天气预报情况

API测试工具

| 请求参数说明：

名称	必填	类型	说明
city	是	string	要查询的城市名称/id，城市名称如：温州、上海、北京，需要utf8 urlencode
key	是	string	在个人中心->我的数据,接口名称上方查看

图 5.4 接口文档

接口文档提供了请求示例、请求参数说明等。这个接口比较简单，仅需要提供两个参数，一个是 city，城市名称；另一个是 key，也就是任务 5.1 申请 API 时得到的 Key。

单击图 5.4 中的"API 测试工具"后，在弹出的"接口测试"窗口中，在"值"下方的文本输入框输入"北京"，单击"发送请求"按钮，如图 5.5 所示。

图 5.5　接口测试

在下方查看返回内容，就可以看到已经格式化好的 json 数据，如图 5.6 所示。

```json
{
    "reason":"查询成功!",
    "result":{
        "city":"北京",
        "realtime":{
            "temperature":"32",
            "humidity":"65",
            "info":"阴",
            "wid":"02",
            "direct":"南风",
            "power":"4级",
            "aqi":"54"
        },
        "future":[
            {
                "date":"2021-07-25",
                "temperature":"25\/33℃",
                "weather":"阴转多云",
                "wid":{
                    "day":"02",
                    "night":"01"
                },
                "direct":"南风转东南风"
            },
            {
                "date":"2021-07-26",
```

图 5.6　返回数据

实时的天气情况可以在 result → realtime 中查看，未来的天气情况可以在 result → future 中查看。

步骤 2 查询单个城市的天气。

单击"个人中心"→"数据中心"→"我的 API"菜单，在右侧窗口中"天气预报"应用下方，拖动鼠标选中"请求 Key"右侧的文本，右击并在弹出菜单中选择"复制"命令，如图 5.7 所示。

图 5.7 复制 Key

在 D 盘新建文件夹"天气预报 API"，进入目录，然后启动 jupyter notebook，新建 Python 文件，重命名为"天气预报"，输入代码如下。

```
In [1]:
import requests # 导入 requests 请求库。
Key = 'b7d51bf68cc7757a84c61e7b2d4e5f58' # 设置为天气预报请求到的 key
url = 'http://apis.juhe.cn/simpleWeather/query?city={}&key=' + Key
r = requests.get(url.format('北京')) # 通过 format 方法填入参数，将 {} 替换为"北京"
data = r.json() # 将返回的 json 字符串解析为 Python 对象
w = data['result']['realtime'] # 从 Python 对象中索引数据
print("北京市实时天气:")
print("温度:{}，湿度:{}，{}，风向:{}，风力:{}，空气质量:{}".format(
 w['temperature'],w['humidity'],w['info'],w['direct'],w['power'],w['aqi']))

Out [1]:
北京市实时天气:
温度:33，湿度:58，多云，风向:南风，风力:3 级，空气质量:45
```

上述代码解析如下。

- url = 'http://apis.juhe.cn/simpleWeather/query?city={}&key='+ Key

url 地址 key 的值单独设置，然后与 url 字符串通过 + 号连接，演示代码中的 Key 是本书提供的，需要读者替换为自己申请的。字符串中 {} 是占位符。

- r = requests.get(url.format('北京'))

请求 url 时，用字符串的 format 方法代入变量，用值"北京"替换了 url 的 {} 占位符。该 url 附带了两个参数：一个是 city；另一个是 key。

- print（ "温度：{}，湿度：{}，{}，风向：{}，风力：{}，空气质量。{}".format(w
['temperature'],w['humidity'],w['info'],w['direct'],w['power'],w['aqi']))

在打印输出时，再次使用了 format 方法，有多个占位符，多个变量，占位符与变量是一一对应关系。

步骤 3　查询单个城市未来 5 天的天气情况。

通过提取数据中键 future 的内容，查询北京市未来 5 天的天气情况，通过 pandas 库，将采集到的数据输出为表格查看，代码如下。

```
In [2]:
import requests # 导入 HTTP 请求库
import pandas as pd # 导入 pandas
Key = 'b7d51bf68cc7757a84c61e7b2d4e5f58' # 设置 Key
url = 'http://apis.juhe.cn/simpleWeather/query?city={}&key=' + Key
r = requests.get(url.format('北京'))  # 请求 url，填入占位符的实际值
data = r.json() # 返回的 json 字符串转为 Python 对象
w = data['result']['future'] # 提取未来 5 天的天气
df = pd.DataFrame(w) # 将返回数据转换为 DataFrame
df.columns = ["日期","温度","天气","wid","风向"] # 设置 DataFrame 的列名称
df = df.drop('wid',axis=1) #wid（天气标识）列没有用，删除
df
Out [2]:
      日期            温度          天气           风向
0   2021-07-25    25/33℃      阴转多云        南风转东南风
1   2021-07-26    25/32℃      雷阵雨         南风转东北风
2   2021-07-27    23/27℃      雷阵雨转中雨     东风转北风
3   2021-07-28    23/28℃      雷阵雨转阴      北风转西北风
4   2021-07-29    24/31℃      雷阵雨转阴      南风转北风
```

步骤 4　查询多个城市的天气。

如果想查询多个城市，就要涉及数据的合并问题。通常都是将提取到的字典保存到列表中，然后转换成 DataFrame 进行处理。

查询北京几个周边城市的实时天气，首先建立城市的列表 cityes，包含北京、天津、石家庄、太原、济南、郑州 6 个城市，然后通过 for 循环，一次将城市添加到 url 字符串中，最后将请求到的数据进行合并，代码如下。

```
In [3]:
import requests # 导入 HTTP 请求库
import pandas as pd # 导入 pandas
cities = ['北京', '天津','石家庄','太原','济南','郑州']
Key = 'b7d51bf68cc7757a84c61e7b2d4e5f58' # 设置 Key
url = 'http://apis.juhe.cn/simpleWeather/query?city={}&key=' + Key
weather = []　# 设置空列表，用于保存各城市的天气
for city in cities:
```

```
    r = requests.get(url.format(city))    # 请求 url，填入占位符的实际值
    data = r.json() # 返回的 json 字符串转为 Python 对象
    w = data['result']['realtime']    # 提取实时天气
    weather.append(w) # 将字典添加到列表中
df = pd.DataFrame(weather,index=cities) # 转换列表为 DataFrame
df.columns = ["温度","wid","湿度","天气","风向","风力","空气质量"]
df = df.drop('wid',axis=1) # 删除 wid 列，天气标识。
df
Out [3]:
```

	温度	湿度	天气	风向	风力	空气质量
北京	32	多云	01	南风	3 级	46
天津	34	晴	00	西南风	2 级	98
石家庄	32	晴	00	南风	5 级	59
太原	31	多云	01	南风	3 级	53
济南	33	晴	00	北风	2 级	95
郑州	32	晴	00	南风	2 级	49

以上代码用到的主要技巧是先设置一个空的列表，然后将字典数据添加到列表当中。

接下来，查询一下北京周边几个城市未来 5 天的天气情况，这里用到了多个 DataFrame 进行合并的技巧。代码如下。

```
In [4]:
import requests # 导入 HTTP 请求库
import pandas as pd # 导入 pandas
cities = ['北京', '天津', '石家庄', '太原', '济南', '郑州']
Key = 'b7d51bf68cc7757a84c61e7b2d4e5f58' # 设置 Key
url = 'http://apis.juhe.cn/simpleWeather/query?city={}&key=' + Key
weather = []    # 设置空列表，用于保存各城市的天气
for city in cities:
    r = requests.get(url.format(city))    # 请求 url，填入占位符的实际值
    data = r.json() # 返回的 json 字符串转为 Python 对象
    w = data['result']['future']    # 提取实时天气
    df = pd.DataFrame(w) # 转换为 DataFrame
    df['city'] = city # 添加城市名为一个新列
weather.append(df) # 将 DataFrame 添加到列表中
df = pd.concat(weather,ignore_index=True) # 将列表中所有的 DataFrame 进行合并
df.columns = ["日期","温度","天气","wid","风向","城市"] # 修改列名
df = df.drop('wid',axis=1) # 删除 wid 列，天气标识。
Df
Out[4]:
```

	日期	温度	天气	风向	城市
0	2021-07-25	25/33℃	阴转多云	南风转东南风	北京
1	2021-07-26	25/32℃	雷阵雨	南风转东南风	北京
2	2021-07-27	23/27℃	雷阵雨转中雨	东风转东北风	北京
3	2021-07-28	23/27℃	雷阵雨转阴	东北风转北风	北京
4	2021-07-29	24/31℃	雷阵雨转阴	北风	北京

```
5     ...
26    2021-07-26    25/33℃    多云转小雨    东北风转持续无风向    郑州
27    2021-07-27    24/30℃    中雨转小雨    东北风              郑州
28    2021-07-28    24/28℃    小雨转多云    东北风              郑州
29    2021-07-29    23/30℃    多云转晴      东北风转西北风      郑州
```

上述部分代码解析如下。

- df['city'] = city

for 循环中的 df ['city'] = city，表示为 DataFrame 添加新列。在添加新列时，仅需要在 DataFrame 后指定新的列名，然后赋值。赋值的对象是一个字符串，这时 DataFrame 会将该新列所有的值都设置为这个字符串。

如代码中所示，输出内容中，新增加了"城市"这一列，这是原来返回数据中没有的。

- df = pd.concat(weather,ignore_index=True)

合并多个 DataFram，这里的 weather 变量是一个列表，列表中包含了多个 DataFrame，pandas 的 concat() 方法可以将该列表中的多个 DataFrame 进行合并，默认是纵向进行堆叠。其中 ignore_index 表示忽略索引。忽略索引后，索引的序号会重新进行设置，否则会出现索引重复的错误。

注意：列表中的多个 DataFrame 列名要一致，即数量相同且列名相同，否则会出现有空值数据的情况。

步骤 5　对比分析。

由于最终的数据是合并的，因此既可以对数据进行同比（同一城市不同日期），也可以进行环比（同一日期不同城市）。

【例 5.1】　查询郑州未来 5 天的天气情况。

```
In [1]:
df_zhengzhou = df[df['城市'] == '郑州']
df_zhengzhou
Out [1]:
        日期          温度        天气          风向            城市
25    2021-07-25    24/32℃    多云         东风转西北风      郑州
26    2021-07-26    25/32℃    多云转小雨    东北风转北风      郑州
27    2021-07-27    24/30℃    中雨转小雨    东北风          郑州
28    2021-07-28    24/28℃    小雨         东北风          郑州
29    2021-07-29    23/30℃    多云转晴      东北风转西北风    郑州
```

【例 5.2】　查询 "2021-07-29" 这天 6 个城市的天气情况。

```
In [2]:
df_0729 = df[df['日期'] == '2021-07-29']
df_0729
```

```
Out [2]:
      日期            温度           天气           风向              城市
4    2021-07-29    24/31℃      雷阵雨转阴      北风              北京
9    2021-07-29    25/31℃      多云           东南风转南风      天津
14   2021-07-29    24/31℃      阴转多云       南风转北风        石家庄
19   2021-07-29    19/28℃      晴            东风转东北风      太原
24   2021-07-29    23/30℃      阴            东北风            济南
29   2021-07-29    23/30℃      多云转晴       东北风转西北风    郑州
```

可以通过代码快速批量地查询多个城市的实时天气与未来 5 天的天气，而且代码移植性非常好，如果想查询其他城市，只需要修改一行代码就可以实现。例如，要查询河南省的几个城市天气情况，将原来的 cities = [' 北京 '，' 天津 '，' 石家庄 '，' 太原 '，' 济南 '，' 郑州 '] 修改为 cities = [' 郑州 '，' 安阳 '，' 新乡 '，' 许昌 '，' 平顶山 '，' 信阳 '，' 南阳 '，' 开封 '] 即可。

■ 任务拓展

在进行天气预报的 API 接口测试工具时，还有两个辅助接口：一个是天气种类列表；另一个是支持城市列表，可以通过接口测试页面的接口名称下拉列表框进行选择，如图 5.8 所示。

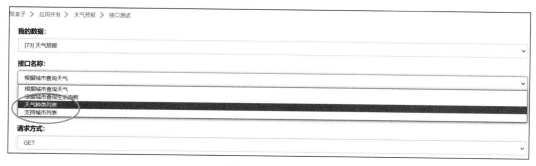

图 5.8　辅助接口

其中，天气种类列表就是前面我们请求到数据后删除的那一列 wid，用一个数字代码代表天气类型。

选择天气种类列表后，单击"发送请求"按钮，可以查看部分返回的内容，如图 5.9 所示。

可以看到，如果 wid 返回数据为 03，就代表天气是阵雨。

在接口名称的下拉列表框中选择支持城市列表，再次单击"发送请求"按钮，可以查看天气预报 API 支持的城市，如图 5.10 所示。

```
{
        "reason":"查询成功",
        "result":[
                {
                        "wid":"00",
                        "weather":"晴"
                },
                {
                        "wid":"01",
                        "weather":"多云"
                },
                {
                        "wid":"02",
                        "weather":"阴"
                },
                {
                        "wid":"03",
                        "weather":"阵雨"
                },
```

图 5.9　天气类型列表（部分）

```
{
        "reason":"查询成功",
        "result":[
                {
                        "id":"1",
                        "province":"北京",
                        "city":"北京",
                        "district":"北京"
                },
                {
                        "id":"2",
                        "province":"北京",
                        "city":"北京",
                        "district":"海淀"
                },
                {
                        "id":"3",
                        "province":"北京",
                        "city":"北京",
                        "district":"朝阳"
                },
                {
                        "id":"4",
                        "province":"北京",
                        "city":"北京",
                        "district":"顺义"
                },
```

图 5.10　支持城市列表（部分）

通过编写代码，可以对返回的 json 进行筛选，例如，筛选省会城市，筛选某一个省的城市等。

先获取所有城市信息 data，然后从 data 提取数据，可以获取如下几个示例的数据。

【例 5.3】　获取城市数据 data。

```
In [1]:
import requests # 导入 HTTP 请求库
Key = 'b7d51bf68cc7757a84c61e7b2d4e5f58' # 设置 HEY
r = requests.get('http://apis.juhe.cn/simpleWeather/cityList?key=' +
Key)
d = r.json() # 将返回的 json 数据转换为 Python 对象
data = d['result'] # 从 Pyhon 对象中提取信息
data
Out [1]:
[{'id': '1', 'province': '北京', 'city': '北京', 'district': '北京'},
 {'id': '2', 'province': '北京', 'city': '北京', 'district': '海淀'},
 {'id': '3', 'province': '北京', 'city': '北京', 'district': '朝阳'},
 {'id': '4', 'province': '北京', 'city': '北京', 'district': '顺义'},
 {'id': '5', 'province': '北京', 'city': '北京', 'district': '怀柔'},
 ...
```

【例 5.4】 查询所有省会首府城市。

```
In [2]:
s = {} # 空字典，用于存储省以及省会
for d in data: # 遍历所有城市
    if d['province'] not in s: # 如果目标数据是省会首府城市
        s.update({d['province']:d['city']}) # 更新字典"省":"省会"格式
s # 输出结果
Out [2]:
{'北京':'北京',
 '上海':'上海',
 '天津':'天津',
 '重庆':'重庆',
 '黑龙江':'哈尔滨',
 '吉林':'长春',
 ...
 '台湾':'台北'}
```

【例 5.5】 查询河南省的所有地级市。

```
In [2]:
s = [] # 空列表，用于存储城市
for d in data: # 遍历 data
    if d['city'] not in s: # 判断是否为市
        if d['province'] == '河南': # 判断是否为河南省
            s.append(d['city']) # 如果两个条件都成了，则添加到列表中
s
Out [2]:
['郑州',
 '安阳',
 '新乡',
 '许昌',
 ...
 '驻马店',
 '三门峡',
 '济源']
```

这两个辅助接口可以在做数据可视化或者快速筛选城市时，为我们提供很大的帮助，进而提高工作效率。

◆ 项 目 总 结 ◆

本项目通过一个 API 请求的案例，讲解了如何对有权限要求的 API 接口进行注册、申请、采集、合并等操作。在实际工作中，多个系统或平台数据进行互通时，均采用 API

调用的方式，一些大数据平台如 Hadoop、云计算平台如 OpenStack，都提供 API 调用的方式。熟练掌握本项目的内容对于数据采集人员至关重要。

本项目在采集数据时涉及的多数据合并，这也是数据采集中一个最常见的需求，通过 pandas 库的 DataFrame 来合并，是相对最简单的方式。

◆ 项目巩固与提高 ◆

一、填空题

1. 请求 API 数据时，不同类型的 Key 在_____、_____、_____上的权限不同。

2. 合并 DataFrame 数据，需要用到 pandas 的_____方法。

二、编程题

1. 编写程序，查询陕西省西安市未来 5 天的天气情况。

2. 编写程序，查询陕西省任意 5 个城市未来 5 天的天气情况。

项目6

对多个MySQL数据库进行数据整合

"1+X"证书考点

数据采集职业技能等级要求（初级）：

- 能够掌握常规访问数据库的方式方法，能够获取目标数据库的相关信息。
- 掌握常用数据库客户端工具的使用，能够成功登录目标数据库并进行相关数据表数据的查询、筛选等数据收集操作。
- 能够利用数据清洗工具编写基础的数据验证规则进行数据的合法性验证。
- 熟练掌握数据拆分规则，能够完成数据分解。
- 掌握某种关系型数据库，具备数据库的管理、运维能力，可以合理地规划、设计数据库。
- 掌握 SQL 语言，熟悉数据库结构设计及优化，具备将清理的中间数据存储到另一目标数据库或数据表的能力。

岗位技能要求

- 岗位：数据库采集工程师。
- 要求：熟练使用 Python 语言编写数据采集程序，熟练使用 MySQL 数据库，熟悉数据库采集技术，熟悉 pandas 的使用方法。

课程思政要求

通过本项目的学习，着重培养学生解决问题的综合能力。引导学生学思结合、知行统一，增强学生勇于探索的创新精神、善于解决问题的实践能力。

知识链接

该项目是一个多数据库合并问题，数据合并分为横向合并和纵向合并两种，以下通过举例对这两种合并进行说明。

语文教师登记了学生成绩，有两列数据：姓名、成绩，如表 6.1 所示。

表 6.1　语文成绩表

学号	姓名	成绩
1	张三	89
2	李四	68
3	王五	97

数学教师也登记了学生成绩，有两列数据：姓名、成绩，如表 6.2 所示。

表 6.2　数学成绩表

学号	姓名	成绩
1	张三	54
2	李四	76
3	王五	93

学生是相同的，班主任要把两个表合并，变成 3 列：姓名、语文成绩、数学成绩，如表 6.3 所示。

表 6.3　学生成绩表

学号	姓名	语文成绩	数学成绩
1	张三	89	54
2	李四	68	76
3	王五	97	93

以上的合并属于横向合并，还有一种数据合并方法为竖向合并。

例如，班主任老师登记了二年级学生的成绩，有三列数据：姓名、语文成绩、数学成绩，如表 6.4 所示。

表 6.4　二年级学生成绩表

学号	姓名	语文成绩	数学成绩
1	小刚	89	54
2	小强	68	76
3	小丽	97	93

到了第二年，学生升到了三年级，又统计了学生成绩，有三列数据：姓名、语文成绩、数学成绩，如表 6.5 所示。

表 6.5　三年级学生成绩表

学号	姓名	语文成绩	数学成绩
1	小刚	93	86
2	小强	76	75
3	小丽	93	98

现在要将二年级的成绩和三年级的成绩进行合并，就是纵向合并，合并结果如表 6.6 所示。

表 6.6　2020 级学生成绩表

学号	姓名	语文成绩	数学成绩	年级
1	小刚	89	54	二年级
2	小强	68	76	二年级
3	小丽	97	93	二年级
1	小刚	93	86	三年级
2	小强	76	75	三年级
3	小丽	93	98	三年级

类似这样的合并，称为纵向合并。

以上两种合并，本项目通过 Python 编写代码来实现，具体需要用到三个包 pandas、sqlalchemy、pymysql。

1. Navicat for MySQL 的安装

为了模拟这个项目中的场景，需要先将原始数据导入数据库中，这里使 Navicat for MySQL 来完成。根据自己的操作系统选择下载 Windows 或 macOS 版本，这里选择 Windows 64 位，如图 6.1 所示。

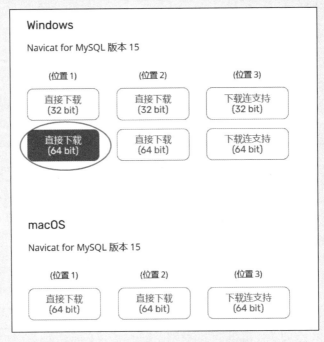

图 6.1　下载 Navicat for MySQL

双击打开下载的安装文件 navicat150_mysql_cs_x64.exe，出现安装页面后，直接单击"下一步"按钮，如图 6.2 所示。

图 6.2　安装 Navicat for MySQL

在打开的许可证页面中，选择"我同意"单选按钮，然后单击"下一步"按钮，如图 6.3 所示。

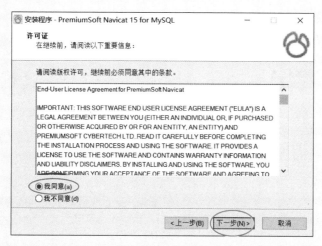

图 6.3　同意协议

进入选择安装文件夹页面，安装程序可以选择安装在 C 盘默认位置，或修改到 D 盘均可。单击"下一步"按钮，如图 6.4 所示。

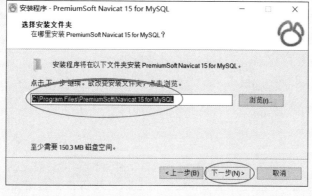

图 6.4　安装路径

进入创建快捷方式页面，直接单击"下一步"按钮，如图 6.5 所示。

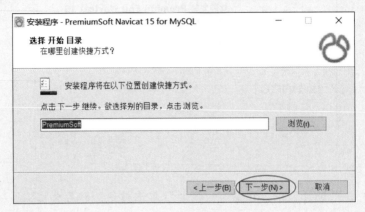

图 6.5　创建快捷方式

在创建桌面图标页面，直接单击"下一步"按钮，如图 6.6 所示。

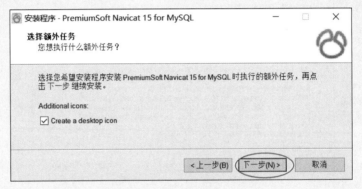

图 6.6　创建桌面图标

在准备安装页面单击"安装"按钮，如图 6.7 所示。

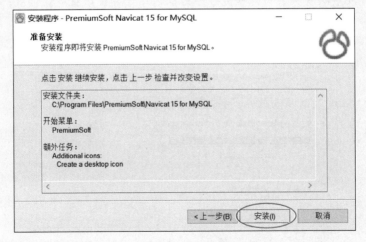

图 6.7　开始安装

安装完成后，单击"完成"按钮，如图 6.8 所示。

图 6.8 安装完成

安装完成后，桌面会出现软件 Navicat for MySQL 的图标，双击打开即可。

2. Navicat for MySQL 的基本使用

第一次打开软件，会有一个使用提醒，单击"试用"按钮，如图 6.9 所示。

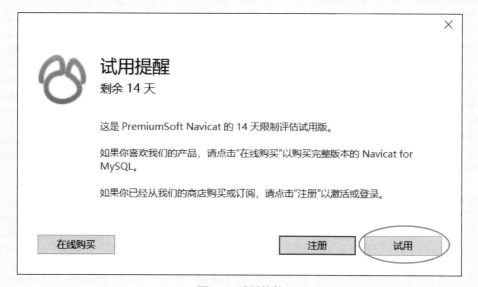

图 6.9 试用软件

如果是学校教师或学生，可以打开 Navicat 官方网站的学术伙伴计划，然后申请教师认证或学生认证。认证成功后就可以获得软件授权，如图 6.10 所示。

图 6.10　申请教师或学生认证

打开软件后，并没有连接任何数据库，需要建立一个新连接，用于连接本机的数据库。由于在项目 4 中成功安装 MySQL 数据库，这里直接使用即可。单击"连接"按钮，在下拉菜单中选择 MySQL 并单击，如图 6.11 所示。

单击连接按钮下拉菜单中的MySQL

图 6.11　新建 MySQL 连接

在新建连接窗口，输入连接名 localhost，密码输入 cpvs2022，其他的选项均默认，单击"确定"按钮，如图 6.12 所示。

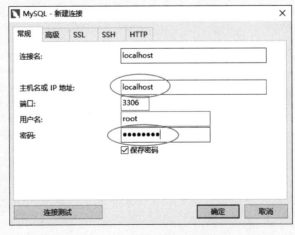

图 6.12　填写连接名与密码

完成后，新建的连接就会出现在列表中，灰色代表还未连接，如图 6.13 所示。

图 6.13　连接列表

双击列表中的 localhost，连接就会变成绿色，表示连接成功，并会列出所有的数据库。列表中有一个熟悉的数据库 images，就是我们在项目 4 用于保存图片路径的数据库。如图 6.14 所示。

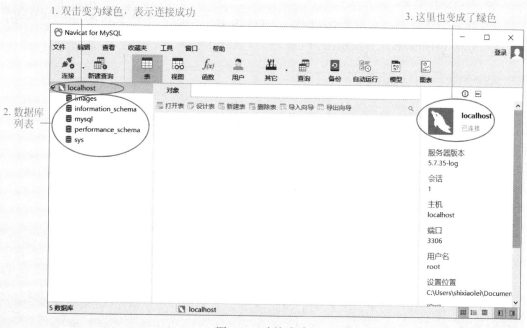

图 6.14　连接成功

99

双击 images 数据库，数据库会变为绿色，表示数据库被打开。再次双击"表"，会列出 images 数据库中所有表。当前数据库只有一张表 urls。双击 urls 表，urls 表会在窗口中打开，同时会查询表中的数据，如图 6.15 所示。

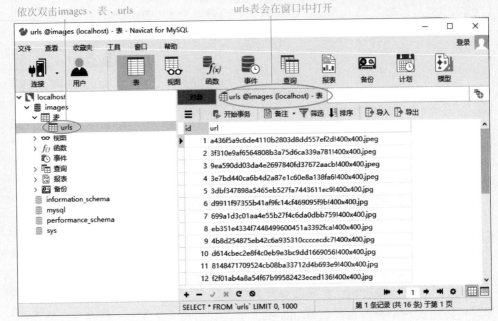

图 6.15　打开表查看数据

3. 导入模拟数据

新建 3 个数据库，分别是 business、accounting 和 sales，字符集选择 utf8，排序规则选择 utf8_general_ci，如图 6.16 所示。

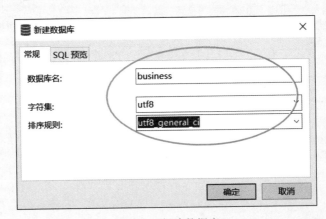

图 6.16　新建数据库

从本书配套软件包中，下载 3 个 SQL 文件，即把文件夹"MySQL 数据合并"中 quarter.sql、year1.sql、year2.sql，复制到 D 盘文件夹"MySQL 数据合并"中。

在 Navicat 中双击进入数据库 business，右击"表"，在弹出的窗口中选择"运行 SQL 文件"命令，如图 6.17 所示。

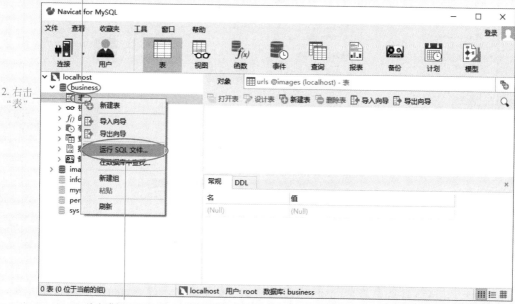

图 6.17　运行 SQL 文件

在弹出的"运行 SQL 文件"窗口中，单击"文件"右面选择文件的按钮，选择"D:\MySQL 数据合并\quarter.sql"，单击"开始"按钮，如图 6.18 所示。

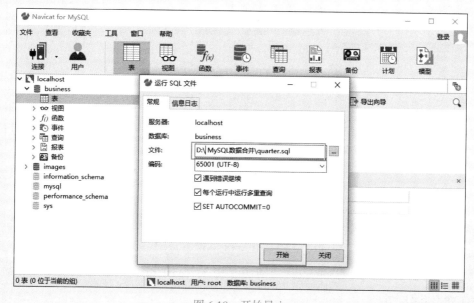

图 6.18　开始导入

当运行 100%，出现 successfully 字样时，代表导入表成功，如图 6.19 所示。

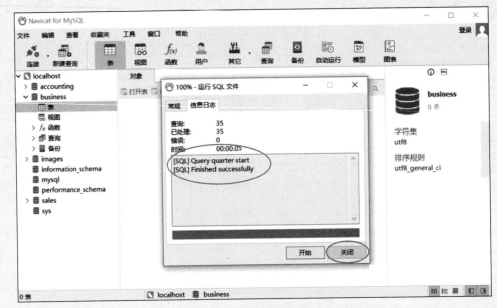

图 6.19　导入表成功

按 F5 键刷新数据库，在 business 的表中就会看到新导入的表 quarter。双击打开表，数据已经成功导入，如图 6.20 所示。

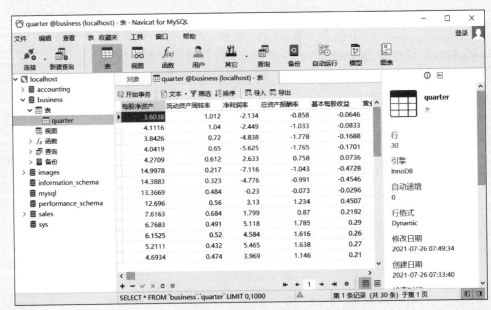

图 6.20　查看数据

用同样的方法，在 accounting 数据库中，运行 year1.sql 文件，可以看到导入的表 year，如图 6.21 所示。

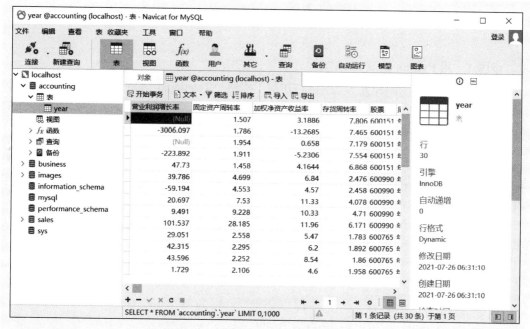

图 6.21 accounting 中运行 year1.sql

同理，在 sales 数据库中运行 year2.sql 文件，可以看到导入的表 year，如图 6.22 所示。

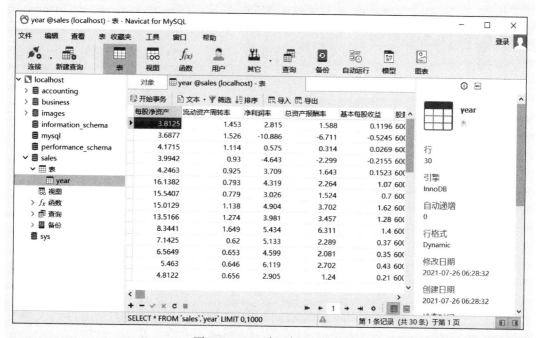

图 6.22 sales 中运行 year2.sql

任务 6.1 数据读取与合并

步骤 1　用 Python 读取 MySQL。

在 Python 中操作 MySQL，要用到 ORM（Object-Relational Mapping，对象关系映射）技术。ORM 是指把关系数据库的表结构映射到对象上，通过使用描述对象和数据库之间映射的元数据，将程序中的对象自动持久化到关系数据库中。

在 Python 中，最有名的 ORM 框架是前文提到的 SQLAlchemy。SQLAlchemy 是一款基于 Python 编程语言的开源软件。SQLAlchemy 提供了 SQL 工具包及 ORM 工具，使用 MIT 许可证发行，它还提供了 create_engine() 函数用来初始化数据库连接。

在 D 盘的"MySQL 数据合并"文件夹中，新建 Python3 文件，重命名为"数据合并"，输入代码如下。

```
In[1]
# 导入库
import pandas as pd
# 导入 MySQL 链接库 sqlalchemy 的 create_engine() 方法,
from sqlalchemy import create_engine
# 构建数据库连接字符串, 后面为 MySQL 的用户名、密码、IP 地址、端口、数据库名
con = 'mysql+pymysql://root:cpvs2022@localhost:3306/{}'
```

用 create_engine() 方法初始化一个连接引擎，然后通过 pandas 的 read_sql_query() 方法执行查询语句，代码如下。

```
In[3]:
# 创建数据库连接引擎, 连接到数据库
engine = create_engine(con.format('business'))
# 创建 SQL 查询语句
sql = 'select * from quarter;'
# 用 pandas 的 read_sql_query 方法执行 SQL 语句, 存入 DataFrame
df_business = pd.read_sql_query(sql,engine)
df_business
Out[3]:
```

	年份	每股净资产	流动资产周转率	净利润率	总资产报酬率	基本每股收益	营业利润增长率	固定资产周转率	加权净资产收益率	存货周转率	股票	周期
0	2020-09-30	3.6038	1.012	-2.134	-0.858	-0.0646	NaN	1.071	-1.7716	4.800	600151	季报
1	2019-09-30	4.1116	1.040	-2.449	-1.033	-0.0833	NaN	1.265	-1.9985	4.768	600151	季报
2	2018-09-30	3.8426	0.720	-4.838	-1.778	-0.1688	NaN	1.355	-4.3074	4.157	600151	季报
3	2017-09-30	4.0419	0.650	-5.625	-1.765	-0.1701	-399.826	1.128	-4.0933	4.087	600151	季报
4	2016-09-30	4.2709	0.612	2.633	0.758	0.0736	NaN	0.889	2.1448	3.080	600151	季报
5	2020-09-30	14.9978	0.217	-7.116	-1.043	-0.4728	NaN	1.347	-3.8300	0.542	600990	季报
...												
26	2019-09-30	3.7311	0.886	8.069	3.787	0.2500	3.447	1.260	6.8100	3.016	002254	季报

27	2018-09-30	3.5061	0.851	8.995	4.372	0.2300	76.418	1.298	6.7400	3.348	002254	季报
28	2017-09-30	3.2804	0.838	5.509	2.701	0.1100	56.430	1.323	3.4400	4.737	002254	季报
29	2016-09-30	3.2512	0.828	4.412	1.936	0.0800	-49.781	1.030	2.5100	2.971	002254	季报

如上代码中，输出读取到 df_business 后，数据库中的数据已经被成功读取为 DataFrame。

对上述代码进行简单修改，读取其他两个数据库的数据。读取财务部 accounting 数据库的 year 表，将结果返回给变量 df_accounting，代码如下。

```
In[4]:
# 创建数据库连接引擎，连接到数据库 accounting
engine = create_engine(con.format('accounting'))
# 创建 SQL 查询语句
sql = 'select * from year;'
# 用 pandas 的 read_sql_query 方法执行 SQL 语句，存入 DataFrame
df_accounting = pd.read_sql_query(sql,engine)
df_accounting
Out[4]:
```

	年份	营业利润增长率	固定资产周转率	加权净资产收益率	存货周转率	股票	周期
0	2020-12-31	NaN	1.507	3.1886	7.806	600151	年报
1	2019-12-31	-3006.097	1.786	-13.2685	7.465	600151	年报
2	2018-12-31	NaN	1.954	0.6580	7.179	600151	年报
3	2017-12-31	-223.892	1.911	-5.2306	7.554	600151	年报
4	2016-12-31	47.730	1.458	4.1644	6.868	600151	年报
5	2020-12-31	39.786	4.699	6.8400	2.476	600990	年报
...							
26	2019-12-31	55.254	1.700	9.6100	4.286	002254	年报
27	2018-12-31	28.274	1.828	7.4600	4.549	002254	年报
28	2017-12-31	79.297	1.661	4.8900	5.325	002254	年报
29	2016-12-31	-42.591	1.477	2.9900	4.534	002254	年报

读取销售部 sales 数据库的 year 表，将返回结果复制给变量 df_sales，代码如下。

```
In[5]:
# 创建数据库连接引擎，连接到数据库 sales
engine = create_engine(con.format('sales'))
# 创建 SQL 查询语句
sql = 'select * from year;'
# 用 pandas 的 read_sql_query 方法执行 SQL 语句，存入 DataFrame
df_sales = pd.read_sql_query(sql,engine)
df_sales
Out[5]:
```

	年份	每股净资产	流动资产周转率	净利润率	总资产报酬率	基本每股收益	股票	周期
0	2020-12-31	3.8125	1.453	2.815	1.588	0.1196	600151	年报
1	2019-12-31	3.6877	1.526	-10.886	-6.711	-0.5245	600151	年报
2	2018-12-31	4.1715	1.114	0.575	0.314	0.0269	600151	年报

3	2017-12-31	3.9942	0.930	-4.643	-2.299	-0.2155	600151	年报
4	2016-12-31	4.2463	0.925	3.709	1.643	0.1523	600151	年报
5	2020-12-31	16.1382	0.793	4.319	2.264	1.0700	600990	年报
...								
26	2019-12-31	3.8384	1.243	8.509	5.340	0.3500	002254	年报
27	2018-12-31	3.5292	1.196	7.197	4.876	0.2600	002254	年报
28	2017-12-31	3.3237	1.005	6.436	3.836	0.1600	002254	年报
29	2016-12-31	3.2671	1.130	3.722	2.282	0.1000	002254	年报

步骤 2　数据合并。

数据读取已经完成，得到如下三个变量。

- 变量 1 "df_business" 保存了数据库 business 中表 quarter 的数据。
- 变量 2 "df_accounting" 保存了数据库 accounting 中表 year 的数据。
- 变量 3 "df_sales" 保存了数据库 sales 中表 year 的数据。

数据合并过程如下。

（1）将 df_accounting 和 df_sales 通过 pandas 中的 merge() 方法进行合并。

merge() 方法的参数如下。

```
pandas.merge(left, right, how='inner', on=None, left_on=None, right_
on=None, left_index=False, right_index=False,sort=False,suffixes=('_x', '_y'),
copy=True, indicator=False, validate=None)
```

主要参数说明如下。

- `left`、`right`

准备合并的两个 DataFrame。

- `how{'left', 'right', 'outer', 'inner', 'cross'}`

要执行的合并类型有 left、right、outer、inner、cross，默认值是 inner，含义如下：

left：仅使用来自左 DataFrame 的键，类似于 SQL 左外连接

right：仅使用来自右 DataFrame 的键，类似于 SQL 右外连接

outer：使用来自两个 DataFrame 的键的并集，类似于 SQL 全外连接

inner：使用来自两个 DataFrame 的键的交集，类似于 SQL 内部连接

cross：从两个 DataFrame 创建笛卡尔积

- `on`

合并依据的列或索引名称，这些必须在两个 DataFrame 中都能找到。如果 on 为 None 并且不合并索引，则数据合并的依据默认为两个 DataFrame 中列的交集。

了解了这些参数的含义后，开始合并。

df_accounting 和 df_sales 中有三列数据是一致的，分别是"年份""股票""周期"，这三列数据可以确定一个唯一值。例如，"2020-12-31"这个日期，股票"600990"的"年报"数据是唯一的，在合并时以这三列为依据。

合并财务部 accounting 和销售部 sales 的数据，代码如下。

```
In[6]:
df_a_s = pd.merge(df_accounting,df_sales)
df_a_s
Out[6]:
```

	年份	营业利润增长率	固定资产周转率	加权净资产收益率	存货周转率	股票	周期	每股净资产	流动资产周转率	净利润率	总资产报酬率	基本每股收益
0	2020-12-31	NaN	1.507	3.1886	7.806	600151	年报	3.8125	1.453	2.815	1.588	0.1196
1	2019-12-31	-3006.097	1.786	-13.2685	7.465	600151	年报	3.6877	1.526	-10.886	-6.711	-0.5245
2	2018-12-31	NaN	1.954	0.6580	7.179	600151	年报	4.1715	1.114	0.575	0.314	0.0269
3	2017-12-31	-223.892	1.911	-5.2306	7.554	600151	年报	3.9942	0.930	-4.643	-2.299	-0.2155
4	2016-12-31	47.730	1.458	4.1644	6.868	600151	年报	4.2463	0.925	3.709	1.643	0.1523
5	2020-12-31	39.786	4.699	6.8400	2.476	600990	年报	16.1382	0.793	4.319	2.264	1.0700
...												
26	2019-12-31	55.254	1.700	9.6100	4.286	002254	年报	3.8384	1.243	8.509	5.340	0.3500
27	2018-12-31	28.274	1.828	7.4600	4.549	002254	年报	3.5292	1.196	7.197	4.876	0.2600
28	2017-12-31	79.297	1.661	4.8900	5.325	002254	年报	3.3237	1.005	6.436	3.836	0.1600
29	2016-12-31	-42.591	1.477	2.9900	4.534	002254	年报	3.2671	1.130	3.722	2.282	0.1000

查看输出结果，财务部 accounting 数据和销售部 sales 数据已经被正确合并。

（2）把公司数据"df_business"与上一步的合并结果"df_a_s"合并。

这两个表要进行纵向合并，也称为堆叠。堆叠两个 DataFrame，一般用 pandas 的 concat() 方法。concat() 方法的常用参数说明：

```
pandas.concat(objs, axis=0, join='outer', ignore_index=False, keys=None,
levels=None, names=None, verify_integrity=False, sort=False, copy=True)
```

参数说明：

• axis

在哪个方向上合并。默认值是 0，表示纵向堆叠，如果是 1，表示横向合并，与 merge() 方法类似。

• objs。

准备合并的 DataFrame 列表。

• join {'outer,'outer' }

要执行的合并方式。与 merge() 方法中 how 参数的含义相同，只是只有这两种方式，没有 left 和 right。

• ignore_index

是否忽略索引。默认是 False，即保留原索引，但是会出现索引重复的问题。如果是 True，合并后会重新生成新的索引。

合并代码如下。

```
In[7]:
df_all = pd.concat([df_business,df_a_s],ignore_index=True)
df_all
Out[7]:
```

	年份	每股净资产	流动资产周转率	净利润率	总资产报酬率	基本每股收益	营业利润增长率	固定资产周转率	加权净资产收益率	存货周转率	股票	周期
0	2020-09-30	3.6038	1.012	-2.134	-0.858	-0.0646	NaN	1.071	-1.7716	4.800	600151	季报
1	2019-09-30	4.1116	1.040	-2.449	-1.033	-0.0833	NaN	1.265	-1.9985	4.768	600151	季报
2	2018-09-30	3.8426	0.720	-4.838	-1.778	-0.1688	NaN	1.355	-4.3074	4.157	600151	季报
...												
58	2017-12-31	3.3237	1.005	6.436	3.836	0.1600	79.297	1.661	4.8900	5.325	002254	年报
59	2016-12-31	3.2671	1.130	3.722	2.282	0.1000	-42.591	1.477	2.9900	4.534	002254	年报

输出 df_all 后，数据已经被正确合并，共 60 条记录。

由于数据太多，可以通过 DataFrame 的 head() 方法查看 df_all 的前 10 条数据，代码如下。

```
In[8]:
df_all.head(10)
Out[8]:
```

	年份	每股净资产	流动资产周转率	净利润率	总资产报酬率	基本每股收益	营业利润增长率	固定资产周转率	加权净资产收益率	存货周转率	股票	周期
0	2020-09-30	3.6038	1.012	-2.134	-0.858	-0.0646	NaN	1.071	-1.7716	4.800	600151	季报
1	2019-09-30	4.1116	1.040	-2.449	-1.033	-0.0833	NaN	1.265	-1.9985	4.768	600151	季报
2	2018-09-30	3.8426	0.720	-4.838	-1.778	-0.1688	NaN	1.355	-4.3074	4.157	600151	季报
3	2017-09-30	4.0419	0.650	-5.625	-1.765	-0.1701	-399.826	1.128	-4.0933	4.087	600151	季报
4	2016-09-30	4.2709	0.612	2.633	0.758	0.0736	NaN	0.889	2.1448	3.080	600151	季报
5	2020-09-30	14.9978	0.217	-7.116	-1.043	-0.4728	NaN	1.347	-3.8300	0.542	600990	季报
6	2019-09-30	14.3883	0.323	-4.776	-0.991	-0.4546	NaN	1.890	-3.0900	0.828	600990	季报
7	2018-09-30	13.3669	0.484	-0.230	-0.073	-0.0296	-102.209	3.496	-0.2200	1.432	600990	季报
8	2017-09-30	12.6960	0.560	3.130	1.234	0.4507	113.300	4.278	3.8200	1.685	600990	季报
9	2016-09-30	7.6163	0.684	1.799	0.870	0.2192	-6.654	12.051	2.9000	2.521	600990	季报

也可以通过 DataFrame 的 tail() 方法查看 df_all 的最后 10 条数据，代码如下。

```
In[9]:
df_all.tail(10)
Out[9]:
```

	年份	每股净资产	流动资产周转率	净利润率	总资产报酬率	基本每股收益	营业利润增长率	固定资产周转率	加权净资产收益率	存货周转率	股票	周期
50	2020-12-31	7.2469	1.109	5.419	4.769	1.06	71.538	7.428	15.38	2.715	600760	年报
51	2019-12-31	6.2041	1.062	3.694	3.045	0.63	17.353	6.759	10.58	2.137	600760	年报
52	2018-12-31	5.6148	0.956	3.688	2.711	0.53	9.844	6.470	9.89	2.071	600760	年报
53	2017-12-31	5.1051	1.108	3.632	2.924	0.51	34.980	6.249	13.67	2.173	600760	年报

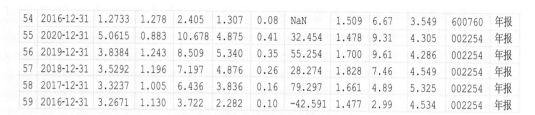

54	2016-12-31	1.2733	1.278	2.405	1.307	0.08	NaN	1.509	6.67	3.549	600760	年报
55	2020-12-31	5.0615	0.883	10.678	4.875	0.41	32.454	1.478	9.31	4.305	002254	年报
56	2019-12-31	3.8384	1.243	8.509	5.340	0.35	55.254	1.700	9.61	4.286	002254	年报
57	2018-12-31	3.5292	1.196	7.197	4.876	0.26	28.274	1.828	7.46	4.549	002254	年报
58	2017-12-31	3.3237	1.005	6.436	3.836	0.16	79.297	1.661	4.89	5.325	002254	年报
59	2016-12-31	3.2671	1.130	3.722	2.282	0.10	-42.591	1.477	2.99	4.534	002254	年报

步骤 3　数据存储。

将 df_all 存储到 MySQL 中，使用 DataFrame 的 to_sql() 方法，将最终的数据保存在
business 数据库中，命名为表 customs，代码如下。

```
In[10]
engine = create_engine(con.format('business'))
df_all.to_sql('customs', engine)
```

代码执行完成后，到 Navicat 中查看数据。customs 表已经被正确创建，并且数据被全
部导入，如图 6.23 所示。

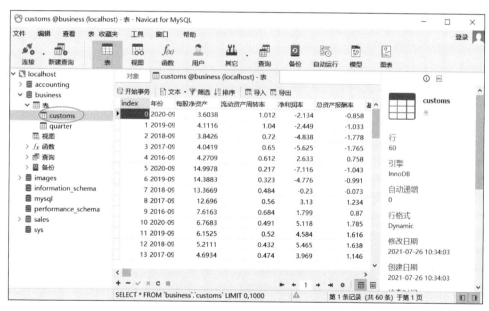

图 6.23　在 Navicat 中查看数据

◆ 项 目 总 结 ◆

本项目相对高级且需求复杂，我们通过很简洁的代码就能高效地完成任务。本项目主
要是让读者了解 Navicat 导入 MySQL 数据库的方法，重要的知识点是掌握 MySQL 数据库
与 DataFrame 的相互转换，MySQL 数据库的读取与保存。

当读取到数据后，数据的合并是一个重点。本项目提供了两种方法：一个是 pandas 的 merge() 方法；另一个是 concat() 方法。通过本项目的学习，读者可以掌握数据导入、数据合并、数据清洗、数据存储的全流程。

◆ 项目巩固与提高 ◆

一、填空题

1. 初始化 MySQL 数据库连接，使用 Python 第三方_____库的_____方法。

2. 在 pandas 中合并两个 DataFrame 数据，需要用到 pandas 的_____、_____两个方法。

二、问答题

简述 merge() 方法中 how 参数的含义。

三、编程题

有如下两个 DataFrame：df1 和 df2，分别使用 merge() 和 concat() 方法连接两个 DataFrame，并实现所有连接方式。

```
df1 = pd.DataFrame(
    {
        "A": ["A0", "A1", "A2", "A3"],
        "B": ["B0", "B1", "B2", "B3"],
        "C": ["C0", "C1", "C2", "C3"],
        "D": ["D0", "D1", "D2", "D3"],
    },
    index=[0, 1, 2, 3],
)
df2 = pd.DataFrame(
    {
        "B": ["B2", "B3", "B6", "B7"],
        "D": ["D2", "D3", "D6", "D7"],
        "F": ["F2", "F3", "F6", "F7"],
    },
    index=[2, 3, 6, 7],
)
```

项目7

通过MongoDB对半结构化Excel
数据进行高效存储

项目目标

- 掌握 MongoDB 的基本使用方法。
- 掌握 pymongo 的基本使用方法。
- 使用 pymongo 存储半结构化数据。

本项目主要讲解半结构化数据的存储。半结构化数据是具有一定结构，但有某些字段缺失导致数据不完整的数据。例如，项目 6 中提到学生成绩合并，二年级只有语文、数学两门成绩，而三年级有语文、数学、英语三门成绩。当进行数据合并后，二年级成绩的英语成绩就会出现空值。

再如企业招聘人员收集到的应聘者简历，如果建立数据库，也会是半结构化数据，因为每个人的简历字段差异很大，无法统一。

半结构化数据的存储一般使用 NoSQL 数据库，因为 NoSQL 数据库是非关系型数据库，所以对数据字段没有任何要求。MongoDB 是非关系型数据库，最接近传统关系型数据库，通常用于数据采集人员的数据存储，在数据科学领域占有很重要的地位。

项目描述

假设读者在公司的财务部门工作，公司有很多数据是用 Excel 保存的。随着时间的增长，文件越来越多，这给管理造成了极大的困难，原因是一旦有一个文件丢失，很难被发现，且会造成很大的影响，于是领导要求用数据库对 Excel 文件进行整合。

项目实施

（1）MongoDB 的下载、安装，了解半结构化数据，了解 NoSQL 数据库的基本概念。
（2）使用 Mongo shell 创建数据库与用户。

（3）用 Python 连接操作 MongoDB，安装 pymongo 库，导入 pymongo，操作 MongoDB。

（4）将 Excel 数据存入 MongoDB 保存。

✎ "1+X" 证书考点

数据采集职业技能等级要求（初级）：

- 能够掌握常规访问数据库的方式方法，能够获取到目标数据库的相关信息。
- 掌握常用数据库客户端工具的使用，能够成功登录目标数据库并进行相关数据表数据的查询、筛选等数据收集操作。
- 能够利用数据清洗工具编写基础的数据验证规则进行数据的合法性验证。
- 熟练掌握数据拆分规则，能够完成数据分解。
- 掌握某种关系型数据库，具备数据库的管理、运维能力，可以合理地规划、设计数据库。
- 掌握 SQL 语言，熟悉数据库结构设计及优化，具备将清理的中间数据存储到另一目标数据库或数据表的能力。

✕ 岗位技能要求

- 岗位：数据库采集工程师。
- 要求：熟练使用 Python 语言编写数据采集程序，熟练使用 MongoDB 数据库，熟悉数据库采集技术，熟悉 pandas。

☁ 课程思政要求

本项目要求读者学以致用，在教学过程中，要注重科学思维方法的训练和科学伦理的教育，培养学生探索未知、追求真理、勇攀科学高峰的责任感和使命感。

知识链接

由于每个 Excel 的字段都不同，如果像项目 6 中一样采用结构化数据的方式去合并，仅字段分析工作就耗时巨大。并且因为财务数据都要保留，不可能删除，在合并时只能采用 outer 方式全连接，这样会导致表中出现大量的空值。

解决以上问题可以采用 MongoDB 进行数据的整合，使用 pymongo 进行数据的读写。

（1）MongoDB 是通用的、基于文档的分布式数据库，帮助现代应用程序开发人员迎接云计算时代的到来。用 MongoDB 开发数据库，效率非常高。

（2）MongoDB 是一个文档数据库，类似 json 的文档内存储数据。在面对大数据和半结构化数据时，MongoDB 比传统的行/列模型更加直观和强大。

（3）MongoDB 像关系型数据库那样，支持完整的 ACID 事务，以及查询中的联接。

（4）MongoDB 中有三个重要概念：数据库、集合、文档，数据库中包含多个集合，集合包含多条数据，与之对应的是关系型数据库中的数据库、表、数据，这类似于现实生活中图书馆、书架、图书的关系。

任务 7.1 MongoDB 安装

步骤 1　MongoDB 下载与安装。

下载 MongoDB 的社区版，选择版本为 5.0.1，平台为 Windows，安装包为 msi，然后单击 Download 按钮开始下载，如图 7.1 所示。

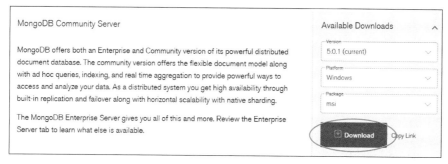

图 7.1　下载 MongoDB 安装包

该安装包在本书的配套数字资源的文件夹"软件安装包"中。下载完成后，双击打开安装包 mongodb-Windows-x86_64-5.0.1-signed.msi，进入欢迎页面，直接单击 Next 按钮，进入下一步，如图 7.2 所示。

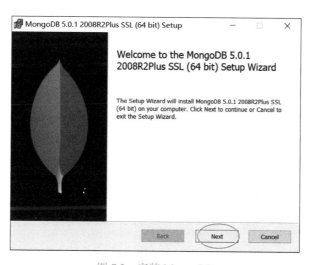

图 7.2　安装 MongoDB

在打开的最终用户许可协议页面，勾选 I accept the terms in the License Agreement，表示同意使用协议，然后单击 Next，如图 7.3 所示。

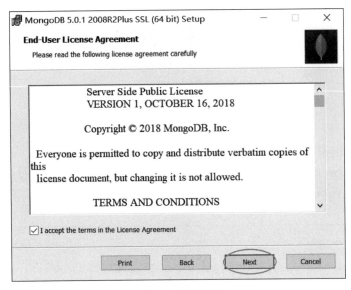

图 7.3　同意协议

进入选择安装类型页面，单击 Complete 按钮，表示完整安装，如图 7.4 所示。

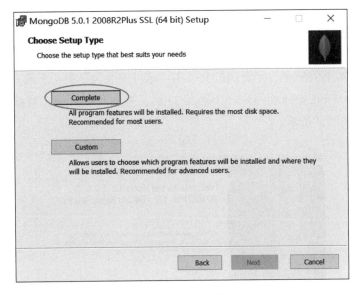

图 7.4　完整安装

进入服务配置页面，安装路径选择 C 盘或 D 盘，其他选项默认即可，将 MongoDB 注册为系统服务。单击 Next 按钮，进入下一步，如图 7.5 所示。

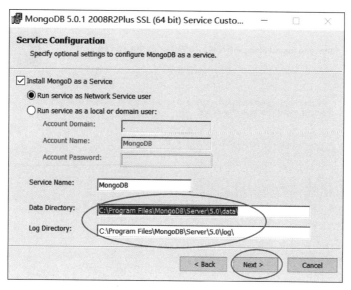

图 7.5　配置页面

　　进入安装 MongoDB Compasss 页面，选择是否要安装 Compass 工具（Compass 是 MongoDB 的可视化工具），取消 Install MongoDB Compass 的选择，然后单击下一步。

　　注意：如果这里不取消勾选，在 Windows 10 系统中会出现安装卡死的现象，因此务必取消勾选再单击 Next 按钮，如图 7.6 所示。

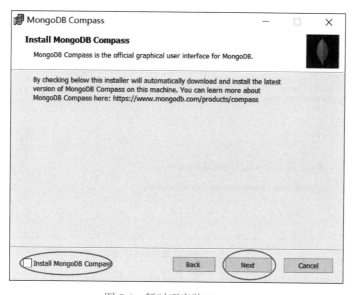

图 7.6　暂时不安装 Compass

　　进入准备安装页面，已经准备好，单击 Install 按钮，如图 7.7 所示。

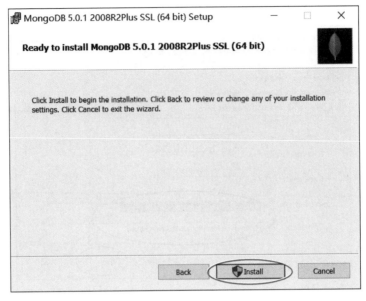

图 7.7　开始安装

如果出现 Files in Use 页面，意味着有一些文件被占用了，确认关闭了这些文件再继续安装，单击 OK 按钮，如图 7.8 所示。

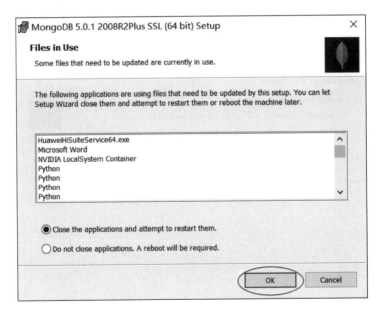

图 7.8　文件被占用

开始安装的过程中如果出现警告，单击继续即可，安装完成后单击 Finish 按钮，如图 7.9 所示。

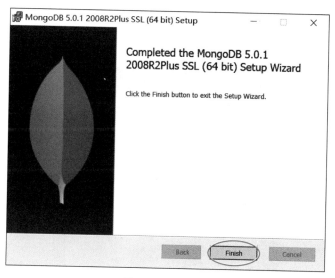

图 7.9 安装完成

步骤 2 验证安装。

打开 cmd 命令提示符窗口工具,输入 mongo --version 回车,出现 mongo 提示错误 "mongo 不是内部或外部命令",如图 7.10 所示,这是因为 mongo 没有添加到环境变量中。

图 7.10 启动失败

进入 MongoDB 的安装目录 C:\Program Files\MongoDB\Server\5.0\bin,打开 bin 文件,在这个路径下,再次启动 cmd。输入 mongo --version 回车,在这个路径下 mongo 命令成功执行,如图 7.11 所示。

```
C:\Windows\System32\cmd.exe                                              —    □    ×
Microsoft Windows [版本 10.0.19042.867]
(c) 2020 Microsoft Corporation. 保留所有权利。

C:\Program Files\MongoDB\Server\5.0\bin>mongo --version
MongoDB shell version v5.0.1
Build Info: {
    "version": "5.0.1",
    "gitVersion": "318fd9cabc59dc9651f3189b622af6e06ab6cd33",
    "modules": [],
    "allocator": "tcmalloc",
    "environment": {
        "distmod": "windows",
        "distarch": "x86_64",
        "target_arch": "x86_64"
    }
}

C:\Program Files\MongoDB\Server\5.0\bin>_
```

图 7.11 启动成功

　　要想在任意目录下都能启动 mongo 命令，必须添加环境变量。右击"此电脑"，在弹出的窗口中单击"属性"命令，如图 7.12 所示。

图 7.12　打开属性

　　单击设置中的"高级系统设置"标签，打开"高级系统设置"窗口，如图 7.13 所示。

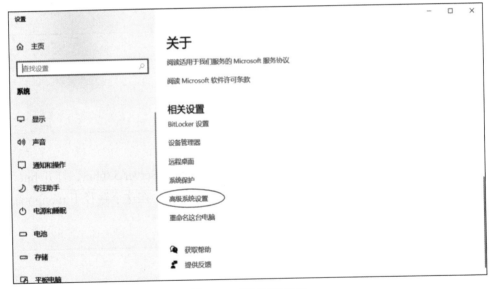

图 7.13　高级系统设置

　　在"系统设置"窗口，单击"环境变量"按钮，打开"环境变量"窗口，如图 7.14 所示。

　　在"环境变量"的"系统变量"下的菜单中，单击选中 Path 选项，然后单击"编辑"按钮，对 Path 值进行编辑，如图 7.15 所示。

图 7.14 单击环境变量

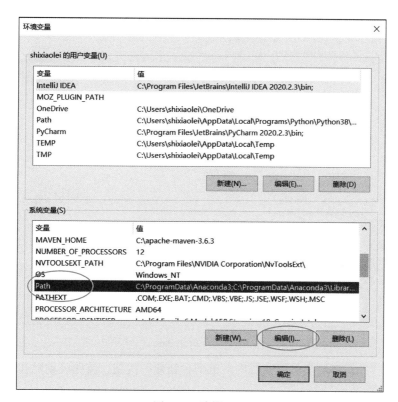

图 7.15 编辑 Path

由于这里环境变量的值为 MongoDB 的安装路径，所以要先到 MongoDB 的安装路径下复制地址。打开 MongoDB 的安装路径，复制地址栏中的地址，例如，C:\Program Files\MongoDB\Server\5.0\bin ，如图 7.16 所示。

图 7.16　复制 MongoDB 的安装路径

在"编辑环境变量"中窗口中，单击"新建"按钮，如图 7.17 所示。

图 7.17　新建 Path

在打开的"编辑环境变量"窗口中，单击"新建"按钮，将路径粘贴在下方的输入框中，如图 7.18 所示。

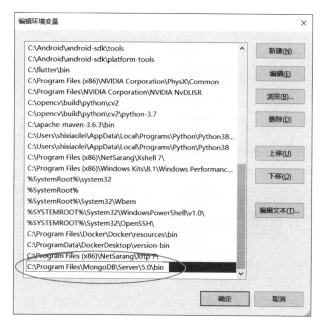

图 7.18 粘贴路径

连续单击两个"确定"按钮，分别关闭"编辑环境变量"窗口和"环境变量"窗口，如图 7.19 所示。

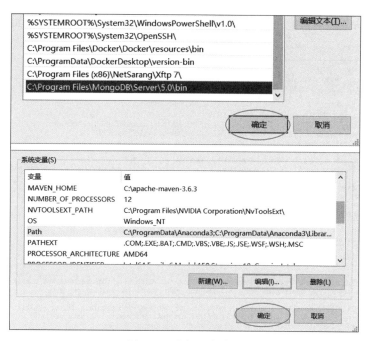

图 7.19 进行两次确定

环境变量配置完成以后，重新启动计算机，打开命令提示符窗口，再次输入 mongo --version，可以看到 mongo 命令可以正常使用了，如图 7.20 所示。

图 7.20　运行成功

任务 7.2　MongoDB shell 工具

本项目的主要工作都在 Python 中完成，但是为 mongo 数据库添加用户的操作必须在 mongo shell 工具中完成，否则无法通过 Python 连接 MongoDB 数据库。mongo shell 工具的功能是通过命令行来操作 MongoDB 数据库实现的。

步骤 1　mongo shell 工具的基本命令。

通过 mongo shell 工具，可以执行查看数据库、新建数据库、查看集合、新建集合、插入文档等操作。

打开 cmd 命令提示符窗口，输入 mongo，回车，启动 mongo shell，如图 7.21 所示。

输入mongo，回车

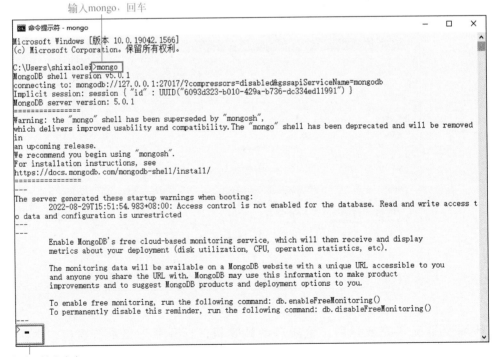

在这里输入命令

图 7.21　启动 mongo shell

shell 窗口常用命令如下。

- show dbs：显示所有数据库。

```
> show dbs
admin     0.000GB
config    0.000GB
local     0.000GB
```

- use + 现有数据库名：使用数据库，如 use admin 表示使用 admin 数据库。

```
> use admin
switched to db admin
```

- show collections：显示数据库中的所有集合。

```
> show collections
system.users
system.version
```

- use + 新数据库名：创建数据库，创建和使用数据库都使用 use 命令，有则用，无则建。如 use business 表示创建和使用一个新的数据库 business。

```
> use bussiness
switched to db bussiness
```

- db.createCollection（'集合名'）：创建一个集合，如 db.createCollection（'customs'）表示创建一个集合 customs。

```
> db.createCollection('customs')
{ "ok" : 1 }
```

步骤 2　为数据库创建用户。

项目能用到的命令就是这些，关于查询，本项目会使用 pymongo，因为在 Python 当中进行会更加简单。

使用 pymongo 进行连接之前，必须给数据库建立一个用户，设置密码和权限后，Python 才能进行连接。命令如下：

```
 db.createUser({user:'cpvs',pwd:'cpvs2022',roles:[{role:'dbOwner',db:
'business'}]})
```

以上命令为数据库 business 创建了一个用户，用户名为 cpvs，密码为 cpvs2022，权限为数据库拥有者，以上命令运行后结果显示如下。

```
Successfully added user: {
        "user" : "cpvs",
        "roles" : [
                {
                        "role" : "dbOwner",
                        "db" : "business"
                }
        ]
}
```

任务 7.3 pymongo 的安装与使用

在 Python 中，连接 MongoDB 数据库需要用到 pymongo 这个库。

步骤 1　安装 pymongo。

用管理员模式运行命令提示符，如图 7.22 所示，必须使用管理员身份，否则没有权限。

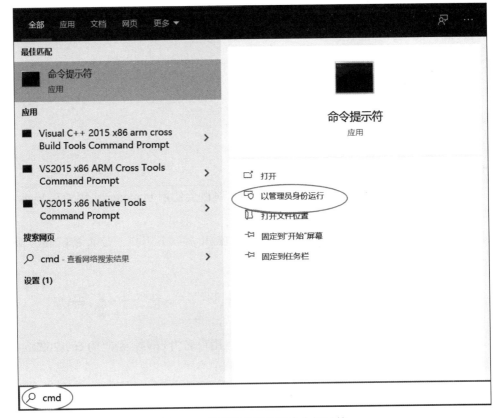

图 7.22　管理员身份运行命令提示符

124

输入命令 conda install pymongo，安装 pymongo，当出现提问 Proceed（[y]/n）时，直接回车，如图 7.23 所示。

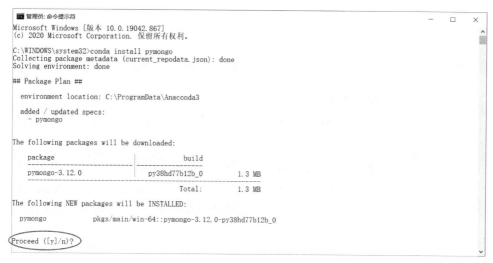

图 7.23　直接回车

如果安装过程没有出现超时等错误，则代表安装成功，如图 7.24 所示。

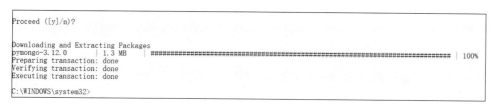

图 7.24　安装完成

步骤 2　使用 pymongo。

通过 Python 的 pymongo 库连接 MongoDB 的 business，一共分为以下三步。

（1）通过 pymongo 的 MongoClient() 方法连接 MongoDB。

（2）连接成功后，读取 MongoDB 中的 business 数据库。

（3）用 business 的 authentication() 方法，输入用户名和密码，验证是否有权限操作数据库。

在 D 盘新建文件夹"MongoDB 高效存储"，在其中启动 jupyter notebook，新建文件，重命名为 MongoDB。

输入代码如下。

```
ln[1]:
import pymongo # 导入库
# 连接到 mongodb 服务，地址：localhost，端口 27017，mongodb 的默认端口
```

```
client = pymongo.MongoClient('localhost',27017)
# 读取 business 数据库
business = client['business']
# 对数据库对象进行验证，验证后才有权限操作
business.authenticate(name='cpvs',password='cpvs2022')
Out[1]:
True
```

验证结果输出了 True，说明权限验证正确。

接下来就可以通过 pymongo 在 MongoDB 中进行新建集合、插入文档、查询文档等操作了。

创建集合，可使用 business[集合名] 来实现。这里需要注意的是，如果数据库中存在名字为 demo 的集合，这里就是读取集合的意思；反之，则为新建一个名为 demo 的集合。

插入数据，可使用 insert() 方法来实现插入的内容使用 Python 列表和字典嵌套的形式，代码如下。

【例 7.1】 在 pymongo 中创建集合并插入数据。

```
In[3]:
# 创建一个集合 "demo"
demo = business['demo']
# 插入数据
demo.insert({'name':' 赵六 ','age':27})
out[3]:
ObjectId('60fe5bb91df76c2b841fc2c0')
```

插入数据完成后，用集合的 find() 方法查询数据，将返回数据转换为 DataFrame。查询结果表明数据已经插入成功，除了原始数据之外，还多了一个字段 "_id"，这个字段是 MongoDB 自动为每一条数据添加的，目的是保证数据的唯一性。

【例 7.2】 通过 DataFrame 在集合中插入数据。

```
In[4]:
data = demo.find() # 查询 "demo" 中的数据
df = pd.DataFrame(data) # 将查询结果转换为 DataFrame
df
out[4]:
      _id                        name    age
0     60fe5bb91df76c2b841fc2c0   赵六     27
```

【例 7.3】 在集合插入一条数据，同时增加一个"性别"键。

```
In[5]:
# 插入数据
```

```
demo.insert({'name':'张三','age':28,"性别":"男"})
out[5]:
ObjectId('60fe5ed51df76c2b841fc2c2')
```

【例 7.4】 再次查询集合中的数据。

```
In[6]:
data - demo.find()  # 查询 "demo" 中的数据
df = pd.DataFrame(data)  # 将查询结果转换为 DataFrame
df
out[6]:
```

	_id	name	age	性别
0	60fe5bb91df76c2b841fc2c0	赵六	27	NaN
1	60fe5ed51df76c2b841fc2c2	张三	28	男

从以上示例可以看出，MongoDB 在插入新数据时，数据是半结构化的，无须考虑字段的匹配问题。

接下来，再通过几个示例学习如何把 Excel 文件存入 MongoDB 数据库中。

将项目 3 中保存的文件"季报数据 _600893.xlsx"复制到当前文件夹 D 盘"MongoDB 高效存储"。

【例 7.5】 读取 Excel 文件并转换为 DataFrame，同时指定 Excel 文件的索引列是第 0 行。

```
In[7]:
df = pd.read_excel(' 季报数据 _600893.xlsx',index_col=0)
df
out[7]:
```

index	2016	2017	2018	2019	2020
0 营业总收入	1259901.42	1299771.39	1384777.70	1279366.27	1546759.86
1 营业总成本	1228895.06	1258827.56	1329584.22	1243171.79	1481051.69
2 营业利润	36041.60	43280.36	75250.40	54408.17	78063.16
3 利润总额	45623.37	46947.92	76060.63	53432.29	77691.25
4 所得税	10809.13	9304.99	8897.74	8096.14	11743.74
5 归属母公司净利润	30026.37	36493.08	65049.80	41326.79	63352.18

【例 7.6】 新建一个集合 demo2，将 Excel 文件写入 demo2 中。

```
In[8]:
demo2 = business['demo2']
demo2.insert_many(df.to_dict(orient='record'))
out[8]:
<pymongo.results.InsertManyResult at 0x2474c9a7340>
```

这里使用了 df 的 to_dict() 方法将 DataFrame 转换为字典，orient='record' 代表字典为 [{ 列：值 }, { 列：值 }] 这种形式。这样就可以用 pymongo 的 insert_many() 方法一次性插入列表中所有的值。

【例 7.7】 查询 demo2 中的数据，验证是否插入成功。

```
In[9]:
data = demo2.find()  # 查询 "demo2" 中的数据
df = pd.DataFrame(data)  # 将查询结果转换为 DataFrame
df
out[9]:
    _id                       index      2016        2017        2018        2019        2020
0   60fe64621df76c2b841fc2c9  营业总收入  1259901.42  1299771.39  1384777.70  1279366.27  1546759.86
1   60fe64621df76c2b841fc2ca  营业总成本  1228895.06  1258827.56  1329584.22  1243171.79  1481051.69
2   60fe64621df76c2b841fc2cb  营业利润    36041.60    43280.36    75250.40    54408.17    78063.16
3   60fe64621df76c2b841fc2cc  利润总额    45623.37    46947.92    76060.63    53432.29    77691.25
4   60fe64621df76c2b841fc2cd  所得税      10809.13     9304.99     8897.74     8096.14    11743.74
5   60fe64621df76c2b841fc2ce  归属母公司净利润  30026.37  36493.08  65049.80  41326.79  63352.18
```

以上代码的输出结果显示，MongoDB 中已经将数据成功保存。

任务 7.4 批量将 Excel 数据存入 MongoDB

从本书配套软件包中下载"财务数据"文件夹，其中包含 5 个 Excel 文件：600892.
xlsx、600893.xlsx、600894.xlsx、600895.xlsx、600896.xlsx。将文件夹"财务数据"复制
到当前项目目录"MongoDB 高效存储"中。

由于文件夹中包含了 5 个文件，如果单个处理，效率不高，因此需要导入 Python 中
的 os 包进行快速处理。os 包的 walk 方法可以对文件夹进行遍历，读取文件夹中的根路径、
目录的文件。本项目仅需读取文件，对文件列表进行遍历，使用 pandas 的 read_excel 方法
进行读取，然后直接插入了 MongoDB 中。代码如下。

```
In[10]:
import pymongo  # 导入库
import pandas as pd  # 导入pandas库
from os import walk  # os里面的walk方法可以遍历文件夹

# 连接到mongodb服务，地址：localhost，端口27017，mongodb的默认端口
client = pymongo.MongoClient('localhost',27017)
# 读取business数据库
business = client['business']
# 对数据库对象进行验证，验证后才有权限操作
business.authenticate(name='cpvs',password='cpvs2022')

customs = business['customs']  # 读取或新建customs集合
#walk会返回3个参数，分别是路径、目录列表、文件列表
for root, dirs, files in walk("./财务数据/"):
```

```
    for file in files:  # 遍历文件夹里面所有的文件
        print(root + file)
        df = pd.read_excel(root + file,index_col=0) # Excel 转 DF
        customs.insert_many(df.to_dict(orient='record')) # 插入 customs
Out[10]:
./财务数据/600892.xlsx
./财务数据/600893.xlsx
./财务数据/600894.xlsx
./财务数据/600895.xlsx
./财务数据/600896.xlsx
```

为了更好地理解代码，我们将中间步骤"root + file"的值进行了输出，输出结果显示"root + file"的值是文件夹中每个 Excel 文件的真实路径，所以用 read_excel 方法读取这个路径，就可以读取该文件。

最后一行的代码使用了例 7.2 中的方法，直接将 DataFrame 转换成字典的形式，然后写入了 MongoDB。

本项目的问题虽然复杂，但是综合使用了 Python、MongoDB 和 pandas，可以让复杂的项目变得简单。

最后，再次读取一下 MongoDB 中 business 数据库的 customs 集合，查询所有数据。

```
In[11]:
data = customs.find()  # 查询 "customs" 中的数据
df = pd.DataFrame(data) # 将查询结果转换为 DataFrame
df
out[11]:
```

	_id	TIME	OPEN	CLOSE	HIGH	LOW	MONEY	VOL	KZHANG-DIEFU	KZHANGDIE
0	60fe6fce1df76c2b841fc2cf	1469116800000	37.31	36.76	37.56	36.70	300786430	8097384	-0.810	-0.30
1	60fe6fce1df76c2b841fc2d0	1469376000000	36.70	36.67	37.28	36.40	249197440	6773684	-0.245	-0.09
2	60fe6fce1df76c2b841fc2d1	1469462400000	36.68	37.06	37.07	36.50	273993850	7457973	1.064	0.39
3	60fe6fce1df76c2b841fc2d2	1469548800000	37.20	35.63	37.50	35.19	464977780	12808457	-3.859	-1.43
4	60fe6fce1df76c2b841fc2d3	1469635200000	35.61	35.97	36.32	35.23	300059630	8384226	0.954	0.34
...	...	...	...	...	...	...	...	...	...	...
96	60fe6fce1df76c2b841fc32f	1484150400000	33.84	33.48	34.00	33.39	184879410	5505611	-1.500	-0.51
97	60fe6fce1df76c2b841fc330	1484236800000	33.45	33.62	33.84	33.35	193137000	5752192	0.418	0.14
98	60fe6fce1df76c2b841fc331	1484496000000	33.49	34.17	34.25	32.90	409263120	12217694	1.636	0.55
99	60fe6fce1df76c2b841fc332	1484582400000	33.80	34.44	34.54	33.80	239774200	7003413	0.790	0.27
100	60fe6fce1df76c2b841fc333	1484668800000	34.10	34.09	34.49	34.03	148960900	4356533	-1.016	-0.35

```
101 rows × 10 columns
```

5 个 Excel 表中所有的数据共 101 行数据全部导入了 customs 集合中。

◆ 项 目 总 结 ◆

本项目使用 MongoDB 数据库对半结构化数据进行存储。MongoDB 存储时，不需要建立数据库字段，拿到数据直接存储为文档就可以。但在实际使用中，视具体情况对数据进行半结构化，不要把毫不相干的文档插入一个集合中，一个集合中的所有文档，在字段结构上要做到"大同小异"，这样才能发挥软件的最高效率。

◆ 项目巩固与提高 ◆

一、填空题

1. MongoDB 是基于_____的_____数据库。

2. MongoDB 中有三个名词：数据库、集合、文档，相当于关系型数据库的_____、_____、_____。

二、判断题

1. MongoDB 是关系型数据库。 （   ）

2. MongoDB 支持事务操作。 （   ）

三、编程题

在 MongoDB 中建立学生成绩数据库，建立集合，插入学生成绩文档。

参 考 文 献

[1] 胡松涛 . Python 3 网络爬虫实战 [M]. 北京：清华大学出版社，2020.

[2] 瑞安·米切尔 . Python 网络爬虫权威指南 [M]. 神烦小宝，译，2 版 . 北京：人民邮电出版社，2019.

[3] 赵怡 . 大数据时代爬虫协议默示许可制度研究 [J]. 产业创新研究，2022，（08）：70-72.

[4] 黄永祥 . 实战 Python 网络爬虫 [M]. 北京：清华大学出版社，2019.